FORSCHUNGSBERICHTE
DES WIRTSCHAFTS- UND VERKEHRSMINISTERIUMS
NORDRHEIN-WESTFALEN

Herausgegeben von Staatssekretär Prof. Dr. h. c. Leo Brandt

Nr. 426

Prof. Dr.-Ing. Herwart Opitz
Dipl.-Ing. Walter Scholz

Untersuchungen über den Räumvorgang

Als Manuskript gedruckt

WESTDEUTSCHER VERLAG · KÖLN UND OPLADEN
1957

ISBN 978-3-663-03831-3   ISBN 978-3-663-05020-9 (eBook)
DOI 10.1007/978-3-663-05020-9

Forschungsberichte des Wirtschafts- und Verkehrsministeriums Nordrhein-Westfalen

G l i e d e r u n g

Einführung .... S. 5

  I. Vorbemerkung .... S. 5

 II. Grundlagen des Räumvorganges .... S. 6

    1. Einleitung .... S. 6

    2. Gestaltung des Räumwerkzeuges .... S. 7

      a) Spanwinkel .... S. 8

      b) Freiwinkel .... S. 9

      c) Neigungswinkel .... S. 9

      d) Zahnsteigung h .... S. 10

      e) Zahnteilung t .... S. 10

      f) Fasenbreite b_f oder f .... S. 11

      g) Kantenabrundung .... S. 13

      h) Zerspanungsschema (Zahnfolge und Zahnstaffelung) .. S. 15

    3. Einfluß der Schnittgeschwindigkeit .... S. 16

    4. Einfluß der Schneidflüssigkeit .... S. 16

    5. Verschleißformen am Räumwerkzeug .... S. 17

    6. Zusammenfassung .... S. 19

III. Räumversuche an Stahl 16 Mn Cr 5 .... S. 19

    1. Versuchsdurchführung .... S. 19

      a) Versuchsbedingungen und -umfang .... S. 19

      b) Versuchswerkzeuge .... S. 20

      c) Versuchswerkstoff .... S. 21

      d) Versuchsmaschine .... S. 22

      e) Meßgrößen und Meßverfahren .... S. 23

    2. Versuchsergebnisse und Auswertung .... S. 26

      a) Einfluß der Schnittgeschwindigkeit auf die Oberflächengüte .... S. 26

      b) Einfluß der Werkzeuggeometrie auf die Oberflächengüte S. 27

      c) Einfluß der Werkzeugbehandlung auf die Oberflächengüte .... S. 38

      d) Einfluß der Schneidflüssigkeit auf die Oberflächengüte .... S. 38

    3. Zusammenfassung und Folgerungen aus den Meßergebnissen S. 39

Forschungsberichte des Wirtschafts- und Verkehrsministeriums Nordrhein-Westfalen

```
IV. Untersuchungen analoger Drehvorgänge . . . . . . . . . . . . S. 41
    1. Einleitung . . . . . . . . . . . . . . . . . . . . . . . S. 41
    2. Versuchsdurchführung . . . . . . . . . . . . . . . . . . S. 42
       a) Versuchswerkstoff . . . . . . . . . . . . . . . . . . S. 42
       b) Versuchswerkzeug . . . . . . . . . . . . . . . . . . . S. 42
       c) Versuchsmaschine . . . . . . . . . . . . . . . . . . . S. 43
       d) Meßgrößen und Meßverfahren . . . . . . . . . . . . . . S. 43
    3. Versuchsergebnisse . . . . . . . . . . . . . . . . . . . S. 44
       a) Schnittkraftmessungen beim Drehen - Analogieversuche
          zum Räumen . . . . . . . . . . . . . . . . . . . . . . S. 44
       b) Oberflächengüte beim kontinuierlichen Orthogonal-
          schnitt . . . . . . . . . . . . . . . . . . . . . . . S. 51
       c) Oberflächengüte beim unterbrochenen Orthogonalschnitt  S. 54
    4. Zusammenfassung und Folgerungen aus den Meßergebnissen   S. 59
 V. Schlußbemerkungen . . . . . . . . . . . . . . . . . . . . . S. 60
VI. Literaturverzeichnis . . . . . . . . . . . . . . . . . . . . S. 62
```

Forschungsberichte des Wirtschafts- und Verkehrsministeriums Nordrhein-Westfalen

Einführung

In dem vorliegenden Forschungsbericht werden Untersuchungen beim Außenräumen von Baustahl 16 Mn Cr 5 und Ergebnisse analoger Drehversuche im Orthogonalschnitt angeführt.

Die Versuche werden fortgeführt. Über die Ergebnisse wird zu einem späteren Zeitpunkt berichtet.

I. Vorbemerkung

Das Räumen hat in den Betrieben der Massenfertigung eine weite Verbreitung gefunden und erschließt zur Zeit weitere Anwendungsgebiete, wie die neuzeitliche Entwicklung der Räummaschinen im In- und Auslande zeigt. Zugkraft und Schnittgeschwindigkeitsbereich der Räummaschine werden laufend vergrößert, so daß neuerdings auch verhältnismäßig große Werkstücke geräumt werden können. Die zunehmende Bedeutung des Räumens durch seine hohe Wirtschaftlichkeit bei der Massenfertigung durch eine sehr kurze Fertigungszeit, gute Maßhaltigkeit auch bei schwierigen Profilen und saubere Oberflächen mit geringer Rauhigkeit rechtfertigt es, den Räumvorgang in Zukunft mehr als bisher zu untersuchen.

Ziel der Untersuchungen über den Räumvorgang im Laboratorium für Werkzeugmaschinen und Betriebslehre an der Rheinisch-Westfälischen Technischen Hochschule Aachen ist es, durch geeignete Wahl und Kombination der Einflußfaktoren

1. eine hohe Oberflächengüte des Werkstückes
2. eine hohe Maßgenauigkeit des Werkstückes
3. eine hohe Schneidhaltigkeit des Werkzeuges und
4. einen möglichst geringen Zeit- und Kraftbedarf

zu erreichen.

Die Zahl der Einflußfaktoren ist entsprechend der Eigenart des Räumvorganges sehr groß. Im einzelnen sind die oben angeführten Gesichtspunkte abhängig von

1. Werkstück (Werkstoff, Wärmebehandlung und Formgebung, Räumprofil, Räumlänge und -breite)
2. Werkzeug (Schneidstoff, Herstellung und Gestaltung einschließlich Werkzeuggeometrie)

3. Maschine (Schnittgeschwindigkeit, Schnittkraft, Schwingungssteifigkeit)
4. Schneidflüssigkeit.

In den Räumversuchen am Werkstoff 16 Mn Cr 5, über die im folgenden berichtet wird, wurden die drei Einflußfaktoren Werkstück, Maschine und Schneidflüssigkeit konstant gehalten und die Oberflächengüte des Werkstückes in Abhängigkeit von der Schneidengeometrie bestimmt.

Die analogen Drehversuche unter Schnittbedingungen, die dem Räumen entsprechen, wurden mit Einzahnwerkzeugen durchgeführt und hatten das Ziel, die dabei gefundenen Ergebnisse bei der Schnittkraft- und Oberflächenmessung auf den Räumvorgang übertragen zu können.

Weiterhin kommt der Werkzeugbehandlung eine bestimmte Bedeutung hinsichtlich der Standzeit des Werkzeuges und der Oberflächenrauhigkeit des Werkstückes zu. In einer Reihe von Vorversuchen wurde der Einfluß der Schneidengestaltung untersucht.

II. Grundlagen des Räumvorganges

1. Einleitung

Das mechanische Bearbeiten von Werkstücken mit Hilfe eines vielschneidigen Werkzeuges, wobei die Schneiden hintereinander angeordnet sind und die Vorschubbewegung durch die Zahnsteigung ersetzt wird, wird Räumen genannt.

Das Bearbeiten von Formlöchern und in Bohrungen liegenden Nuten mit Räumnadeln nennt man Innenräumen, während man das Bearbeiten von Außenflächen und von auf der Außenseite des Werkstückes liegenden Profilen mit Außenräumen bezeichnet. Dabei tritt das Außenräumen an die Stelle des Fräsens, Hobelns und Schleifens, das Innenräumen an die Stelle des Stoßens, Reibens und Schleifens.

Durch das Räumen lassen sich hohe Präzision und gute Qualität der zu bearbeitenden Flächen erzielen. Die Leistungsfähigkeit des Räumens von Formlöchern und Nuten ist um das Drei- bis Zwölffache höher als bei der Verwendung von Reibahlen, Fräsern, Stoß- und Hobelmeißeln. Die Güte der geräumten Oberflächen erreicht Rauhigkeiten von 3...0,2 u.

Das herzustellende Profil ist nach einem Durchgang der Räumnadel fertiggestellt. Die einfache Bedienbarkeit der Räummaschine gestattet den Einsatz von weniger qualifizierten Arbeitskräften.

2. Gestaltung des Räumwerkzeuges

Die beim Räumen erzielte Oberflächengüte ist außer vom Werkstück und der Maschine in hohem Maße abhängig vom Werkzeug, insbesondere vom Ausgangswerkstoff, der Gestaltung und Fertigung der Räumnadel. Abbildung 1 zeigt Räumnadeln zum Innenräumen mit den entsprechenden Bezeichnungen: Schaft, Hals, Aufnahme, Schneidenteil, Kalibrierteil und Führungsstück.

Die Außenräumwerkzeuge besitzen entsprechend ihrer Funktion nur einen Schneiden- und Kalibierteil.

a)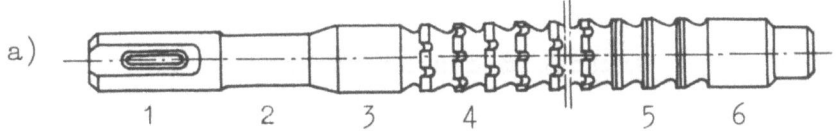

b)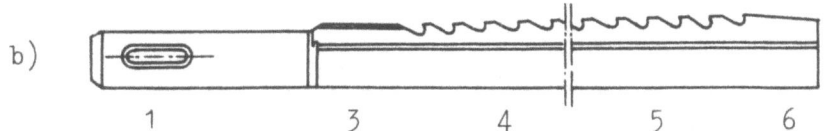

A b b i l d u n g   1

Innen-Räumnadel für Rund- (a) und Nutenprofil (b) [22]

    1 Schaft   4 Schneidenteil

    2 Hals   5 Kalibrierteil

    3 Aufnahme   6 Führungsstück

Die geometrischen Verhältnisse an der Räumnadel sind in den Abbildungen 2 und 3 dargestellt. So zeigt Abbildung 2 die Grundform des Räumzahnes mit den geometrischen Abmessungen und den Arbeitswinkeln und Abbildung 3 die Anordnung der Schneidenzähne mit stark überhöhter Darstellung der Zahnsteigung.

Für den Räumvorgang als Zerspanungsvorgang sind eine Anzahl von Faktoren maßgebend, deren Einfluß im folgenden aufgezeichnet wird.

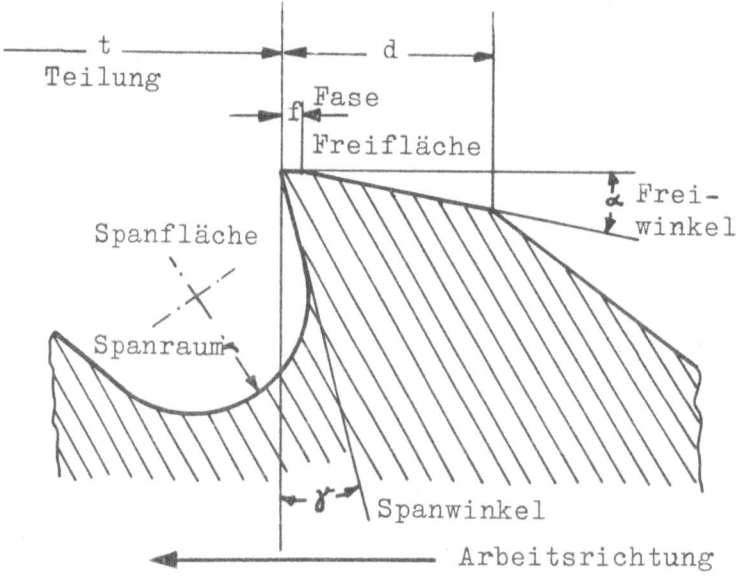

Abbildung 2
Grundform des Räumzahnes

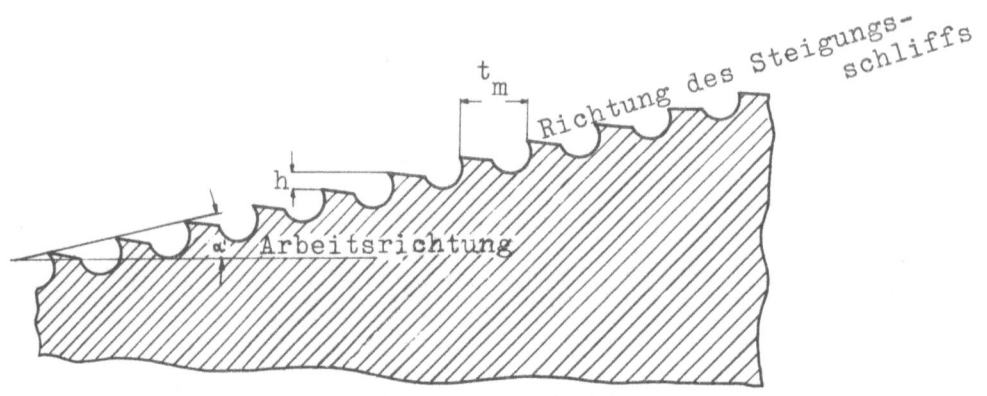

Abbildung 3
Grundform eines Räumwerkzeuges mit Zahnsteigung und Zahnteilung
(stark überhöhte Darstellung)
$$\operatorname{tg} \alpha' = -\frac{h}{t_m}$$

a) Spanwinkel γ

Die Größe des Spanwinkels γ bestimmt den Kraftbedarf der Maschine, die erzielbare Oberflächengüte und damit die Standzeit des Werkzeuges. Mit zunehmendem Spanwinkel wird die Oberflächengüte besser, der Kraftbedarf geringer und die Standzeit höher. Die Größe des Spanwinkels wird entsprechend dem zu zerspanenden Werkstoff gewählt; übliche Werte für Stahl sind γ = 8 bis 18°. Schneid- und Kalibrierzähne haben gewöhnlich einen gleichgroßen Spanwinkel.

b) Freiwinkel α

Bei Innenräumwerkzeugen ist ein kleiner Freiwinkel erforderlich, damit beim Nachschleifen keine Unterschiede in den Toleranzen der Durchmesser und der Profile auftreten. Bei mehrmaligem Nachschleifen verringert sich die Maßhaltigkeit, sofern nicht einige Kalibrierzähne als Schneidzähne verwendet und angeschliffen werden. Der Freiwinkel α wird bei Innenräumnadeln nicht größer als 3° gewählt, während er für das Außenräumen nach Angaben aus der russischen Literatur nicht kleiner als 6° sein sollte; es werden sogar Freiwinkel bis zu α = 10° empfohlen. Der Freiwinkel der Kalibrierzähne beträgt zumeist α = 0°30' bis 1°.

c) Neigungswinkel λ

In manchen Fällen werden Innenräumnadeln mit drallförmig ausgebildeten Zähnen verwendet. Der Drallzahn hebt den Span gut ab und verleiht der Wandung des Loches eine äußerst saubere Oberfläche. Gleichzeitig gewährleistet diese Anordnung und Konstruktion der Räumnadel ein zügiges und gleichmäßiges Arbeiten der Räummaschine, da die Zugkraft über der gesamten Länge des Nadelzuges nahezu konstant bleibt. Wegen der beim Herstellen und Nachschliff auftretenden Schwierigkeiten wird diese Räumnadelart jedoch verhältnismäßig wenig verwendet.

Beim Außenräumen erzielt man den gleichen Effekt, indem man die Schneiden in einem von der rechtwinkligen Lage unterschiedlichen Winkel λ zur Bewegungsrichtung anordnet. Allerdings muß man hier ein Auftreten von Seitenkräften in Kauf nehmen, die von der Maschine und ihren Führungen sowie der Werkstückaufnahmevorrichtung aufgenommen werden müssen, wenn man nicht die Schneiden mit gleichem Neigungswinkel gegeneinander neigt, wodurch sich die Seitenkräfte gegenseitig aufheben. Verwendet werden Neigungswinkel bis zu 30°.

d) Zahnsteigung h

Die Zahnsteigung h bzw. die Schnittiefe a je Zahn ist abhängig vom Werkstoff und hat einen wesentlichen Einfluß auf die Oberflächengüte des geräumten Werkstückes. Für die Bearbeitung von Stahl, Grauguß und Magnesium sind folgende Erfahrungswerte gebräuchlich:

<u>T a b e l l e 1</u>

Zahnsteigung für die Bearbeitung von Stahl, Grauguß und Magnesium

Werkstoff	Schruppen	Schlichten
Stahl, zähhart	0,02 ... 0,05 mm	0,01 ... 0,02 mm
Stahl mittlere Festigkeit	0,03 ... 0,08 mm	0,01 ... 0,02 mm
reiner Grauguß	0,1 ... 0,25 mm	-
Magnesium-Spritzguß	0,2 ... 0,4 mm	-

Selbstverständlich muß bei der Wahl der Zahnsteigung die Stabilität der Schneide mit in Betracht gezogen werden. Mit Rücksicht auf die von der Schnittiefe abhängige Hauptschnittkraft muß oft eine geringere Zahnsteigung gewählt werden, um ein Ausweichen von Werkstücken mit geringerer Wandstärke zu vermeiden. Die Zahnsteigung ergibt mit der Anzahl der Zähne des Werkzeuges, der Breite b und der Räumlänge l am Werkstück eine maximale Spanabnahme pro Hub. Berücksichtigt man, daß 30 000 Hübe bis zum Unbrauchbarwerden der Schneiden erreicht werden können, so ist zu erkennen, daß die dabei pro Standzeit anfallenden Spanmengen mit anderen Feinbearbeitungsverfahren durchaus zu vergleichen sind.

e) Zahnteilung t

Mit der Größe der Zahnteilung ist die Größe der Zahnlücke bestimmt, die die Menge des zerspanten Werkstoffvolumens pro Zahn und Hub aufnehmen muß. Als Faustformel [16] gilt:

$$t = \frac{a \cdot l \cdot b \cdot f}{P} \quad (mm)$$

Dabei sind

a = Spantiefe = h = Zahnsteigung (mm)
l = Räumlänge (mm)
b = Räumbreite (mm)
f = spezifischer Schnittwiderstand (kg/mm^2)
P = Schnittkraft (kg)

Um die Bildung von Rattermarken zu vermeiden, ist die Zahnteilung über der Räumlänge nicht konstant. Für Schrupp- und Schlichtwerkzeuge werden z.B. folgende Teilungen gewählt:

1) Schruppwerkzeug: t_1 = 11,0 mm; t_2 = 12,0 mm; t_3 = 13,0 mm
2) Schlichtwerkzeug: t_1 = 8,5 mm; t_2 = 9,0 mm; t_3 = 9,5 mm.

f) Fasenbreite b_f oder f

Anfänglich hat man die einzelnen Zähne der Räumnadel mit einer achsparallelen Fase (Abb. 2) versehen, um die Stabilität der Schneide zu vergrößern und bei mehrmaligem Wiederanschliff eine längere Maßhaltigkeit zu gewährleisten. Bei heutigen Räumoperationen wird sie nur noch in seltenen Fällen angeschliffen, da erfahrungsgemäß bei höheren Schnittgeschwindigkeiten und Werkstoffen höherer Festigkeit die Oberflächengüte herabgesetzt und die Hauptschnittkraft stark erhöht wird.

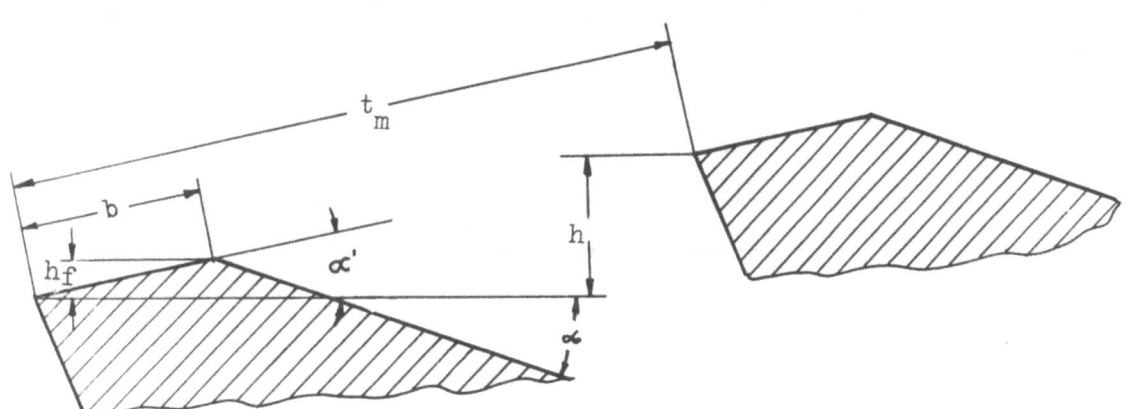

A b b i l d u n g 4

Geometrische Beziehungen am Räumwerkzeug

h = Zahnsteigung; t_m = mittlere Zahnteilung
h_f = Fasenhöhe; b_f = Fasenbreite
α = Freiwinkel; α' = Fasenwinkel (negativer Freiwinkel)

Die Fase ist ein Rest des Steigungsschliffes, der nach Abbildung 3 mit der Arbeitsrichtung des Werkzeuges einen negativen Freiwinkel einschließt. Abbildung 4 zeigt die geometrischen Verhältnisse am Räumwerkzeug in stark überhöhter Darstellung. Der negative Freiwinkel ist gegeben durch die Gleichung

$$\text{tg}(-\alpha') = h/t_m$$

Da dieser negative Freiwinkel, wie aus Tabelle 2 hervorgeht, sehr klein ist, kann man mit großer Genauigkeit

$$\text{tg}\,\alpha' = \alpha'$$

setzen, und man erhält durch Umrechnung von Bogen in Gradmaß

$$\alpha' = - \frac{h}{0{,}0175 \cdot t_m}$$

In den angeführten Gleichungen bedeutet t_m die mittlere Teilung. Sie bildet das arithmetische Mittel der Teilungen, die zu einer Steigung des Werkzeuges gehören. Für die vielfach übliche Dreierteilung ist

$$t_m = (t_1 + t_2 + t_3) : 3$$

Nimmt man für mittlere Räumlängen die Teilung t_m zu 8 mm für Schlichtwerkzeuge und 12 mm für Schruppwerkzeuge an, so ergeben sich die Werte für die negativen Freiwinkel α', (Fasenwinkel), wie sie in Tabelle 2 zusammengestellt sind.

<u>T a b e l l e   2</u>

<u>Fasenwinkel α', hervorgerufen durch den Steigungsschliff (in Winkel-Grad)</u>

Zahnteilung t_m (mm)	Zahnsteigung h (mm)				
	0,02	0,05	0,1	0,2	0,4
8	0,143°	0,375°	0,715°	(+)	(+)
12	0,095°	0,238°	0,476°	0,950°	1,90°

(+) = ungebräuchlich

Durch diesen negativen Fasenwinkel wird beim Räumvorgang ein bestimmter Druck auf das Werkzeug ausgeübt, dessen Größe durch die Höhe der Fase quer zur Arbeitsrichtung beeinflußt wird. Nach Abbildung 4, welche die geometrischen Beziehungen zwischen der Teilung t_m, der Zahnsteigung h, der Fasenbreite b_f und der Fasenhöhe h_f zeigt, gilt die Beziehung:

$$b_f/t_m = h_f/h$$

$$h_f = \frac{h \cdot b_f}{t_m}$$

Aus den in Tabelle 2 angegebenen Werten ergeben sich die in Tabelle 3 zusammengestellten Werte für h_f; dabei wurde eine mittlere Fasenbreite von 0,2 angenommen.

Tabelle 3

Fasenhöhe h_f für eine Fasenbreite $b_f = 0,2$ mm
(Angabe in Mikron)

Zahnteilung t_m (mm)	Zahnsteigung h (mm)				
	0,02	0,05	0,1	0,2	0,3
8	0,5	1,25	2,5	(+)	(+)
12	0,33	0,83	1,67	3,33	6,67

(+) = ungebräuchlich

g) Kantenabrundung

Dem Schneidenabrundungsradius ϱ am Räumzahn kommt beim Räumvorgang wegen der sehr geringen Spantiefe bzw. Zahnsteigung eine stärkere Bedeutung zu als beim Drehvorgang. Bei frisch geschärften Räumwerkzeugen beträgt er im Mittel 5 bis 10 μ, bei abgestumpften Schneiden kann er auf 30 bis 40 μ anwachsen. Durch den Abrundungsradius wird die Mindestspandicke, die durch die Schneide abgeschert werden kann, bestimmt. Ein weniger starker Span wird nicht mehr abgeschnitten, sondern abgequetscht.

Je größer der Abrundungsradius ϱ ist, umso stärker drückt das Werkzeug und umso größer wird die Rauhigkeit der bearbeiteten Oberfläche.

In Abbildung 5 ist der Einfluß des Abrundungsradius beim Räumen und Drehen vergleichend dargestellt. Der Vergleich läßt erkennen, welche bedeutende Rolle dem Abrundungsradius zukommt. Die Teilbilder sind in verschiedenen Maßstäben gezeichnet, wobei die Maßstäbe so gewählt sind, daß die Spandicke in beiden Darstellungen gleich groß erscheint. Einen Anhalt über die Größenordnung der Maße geben die folgenden Werte:

Schneidenabrundungsradius: ϱ = 0,02 mm
Spandicke beim Räumen: h = 0,02 mm
Spandicke beim Drehen: h = 0,2 mm

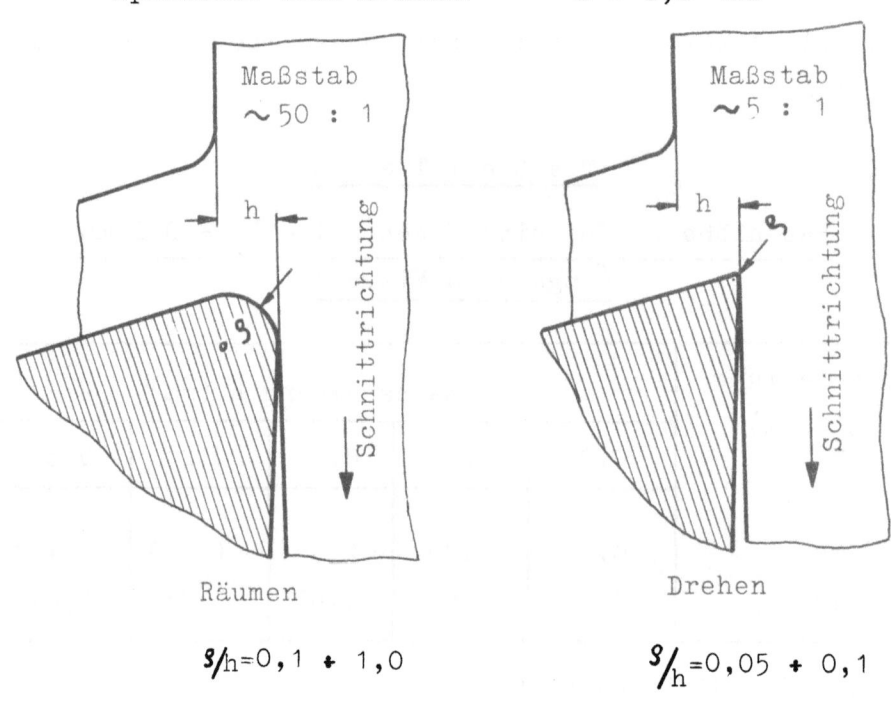

Abbildung 5

Größenverhältnis von Schneidenabrundung und Spandicke im Vergleich beim Drehen und Räumen

Diese Gegenüberstellung läßt erkennen, daß Schneidenabrundungsradius ϱ beim Räumen in derselben Größenordnung liegt wie die Spandicke h, daß er beim Drehen jedoch eine bis zwei Größenordnungen darunter liegt. Hinsichtlich Spanbildung und Oberflächengüte werden dementsprechend beim Räumen wesentlich andere Verhältnisse vorliegen als beim Drehen.

h) Zerspanungsschema (Zahnfolge und Zahnstaffelung)

Die Art der Arbeitsverteilung auf die einzelnen Räumnadelzähne, die das Werkstückprofil beim Räumen allmählich verändert, wird Zerspanungsschema genannt. Beim Räumen haben zwei Arten der Spanabnahme große Verbreitung gefunden, das normale und das progressive Zerspanungsschema (Abb. 6).

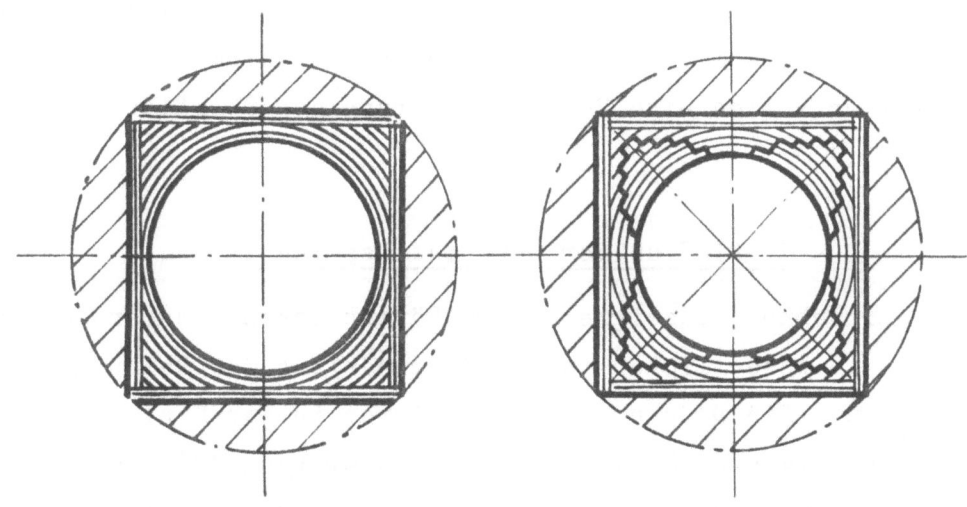

Normale Zerspanung   Progressive Zerspanung

A b b i l d u n g   6
Zerspanungsschema eines Vierkantloches beim Räumen [22]

Beim normalen Zerspanungsschema wird die Bearbeitungszugabe von den aufeinanderfolgenden Zähnen der Räumnadel abgenommen, wobei jeder der hintereinander gestaffelten Zähne auf der ganzen Breite der zu räumenden Fläche einen verhältnismäßig dünnen Span von 0,01 bis 0,05 mm abnimmt.

Das Räumen nach dem progressiven Zerspanungsschema teilt die gesamte Bearbeitungszugabe (nach der Tiefe) in mehrere gleiche Teile ein. Jeder Teil der Bearbeitungszugabe mit einer Dicke bis zu 0,25 mm wird von einigen Schruppzähnen abgenommen, die bei Rund- und Drallnutprofil-Räumnadeln gleiche Durchmesser und bei Flächenräumnadeln gleiche Höhe haben. Jeder Zahn einer Sektion schneidet in diesem Fall den Span nicht auf dem ganzen Umfang sondern nur auf einen Teil desselben. Dazu werden an jedem Zahn Nuten in versetzter Anordnung ausgeschliffen.

3. Einfluß der Schnittgeschwindigkeit

Die Schnittgeschwindigkeiten beim Räumen sind wesentlich geringer als bei anderen Stahl- oder Metallzerspanungsverfahren. Je nach dem zu bearbeitenden Werkstoff, der Leistungsfähigkeit, der Räummaschine und der Werkzeugausführung werden Schnittgeschwindigkeiten von v = 1 bis 10 m/min verwandt. Sie werden so gewählt, daß bei optimaler Ausbringung an Werkstücken eine ausreichende Oberflächengüte erzielt wird. Zu hohe Schnittgeschwindigkeiten sollen eine Verschlechterung der Oberflächengüte zur Folge haben.

4. Einfluß der Schneidflüssigkeit

Die Aufgabe der Schneidflüssigkeit beim Räumen besteht neben der Kühlung des Werkzeuges im wesentlichen in der Verminderung der Reibung zwischen Span und Werkzeug. Die Drücke und Temperaturen in der Kontaktzone sind zu hoch, als daß sie eine hydrodynamische Schmierung zulassen. Dabei können die Flüssigkeiten die metallische Berührung und damit das Verschweißen der Metalle an den Spitzen nicht verhindern.

Die Forderung eines Schmierfilms zwischen Span und Werkzeug, der die Verbindung der Metallspitzen verhindert, kann nur von festen Stoffen erfüllt werden. Frisch zerspante Materialien reagieren im Zusammenhang mit den bei der Spanbildung auftretenden hohen Drücken und Temperaturen mit geeigneten Flüssigkeiten, d.h. mit geeigneten chemischen Zusätzen. Dabei bilden sich Verbindungen mit geringer Scherfestigkeit, die sich unter Grenzschmierbedingungen sehr gut als Schmierstoffe eignen. Sie verhindern die unmittelbare metallische Berührung oder setzen sie zumindest stark herab. Da beim Gleiten jetzt nur noch die wesentlich geringere Scherfestigkeit dieser festen Schmiermittel statt der des Metalls zu überwinden ist, wird die Reibung stark herabgesetzt.

Fettstoffe und ähnliche polare Zusätze bilden meist sehr dünne Schmierfilme. Mit den Metallen bilden sie die sogenannten Metallseifen, die sich als plastisch feste Schmiermittel zwischen Span und Werkzeug legen. Sie haben die Fähigkeit, eine gute Schmierung zu erzielen, wenn Drücke und Temperaturen nicht zu hoch werden.

Für höhere Beanspruchung setzt man Stoffe wie Schwefel, Chlor oder Phosphor bzw. deren Verbindungen zu, die auf den Metalloberflächen im Sinne einer Metallsalzbildung reagieren: Chlorid- und Sulfitschichten bilden bei höheren Temperaturen, die für die Auslösung der Reaktion wichtig sind, gewissermaßen einen hochviskosen Schmierfilm. Sie haben einen viel höheren Schmelzpunkt als Metallseifen und widerstehen daher höheren Betriebsbedingungen. Schwefel kann dabei in freier oder gebundener Form dem Mineralöl zugesetzt werden.

Es ist festgestellt worden, daß eine Kombination von gechlorten und geschwefelten Ölen sehr günstig ist; beide erreichen bei verschiedenen Temperaturen ihre Wirksamkeit.

Nicht zuletzt hat die Schneidflüssigkeit die Aufgabe, die Späne aus den Zahnlücken zu entfernen, um ein Festlaufen des Werkzeuges infolge übermäßig gefüllter Spankammern zu verhindern. Diese Aufgabe kann durch eine rotierende Bürste erleichtert werden, in der die Späne beim Vorbeilaufen des Werkzeuges hängenbleiben.

5. Verschleißformen am Räumwerkzeug

G. WEBER [15/27] hat gezeigt, daß im Drehvorgang für Schnellarbeitsstahl und Hartmetalle dieselben Verschleißformen auftreten und daß für verschiedene Schneidstoff-Werkstoff-Paarungen die Bereiche der Schnittbedingungen, in denen diese Verschleißformen auftreten, gegeneinander verschoben sind.

Die Verschleißformen am Drehmeißel hängen u.a. vom bearbeiteten Werkstoff und den Schnittbedingungen ab. WEBER hat die Bereiche der Verschleißformen auf der Spanfläche bei gegebener Werkzeug-Werkstoff-Paarung und gegebener Schneidengeometrie als Funktion von Schnittgeschwindigkeit und Vorschub dargestellt. Abbildung 7 läßt diese Bereiche vom Kolkverschleiß, Übergang Kolkverschleiß - Spanflächenverschleiß, Spanflächenverschleiß und Kantenabrundung erkennen.

Da beim Räumen mit Schnittgeschwindigkeiten von 1 bis 10 mm/min und Spandicken von 0,015 bis 0,08 mm gearbeitet wird, ist zu vermuten, daß bei den verschiedensten Werkzeug-Werkstoff-Paarungen neben dem Freiflächenverschleiß die Kantenabrundung über einen weiten Bereich der beim Räumen verwirklichten Schnittbedingungen die vorherrschende Verschleißform auf der Spanfläche darstellt.

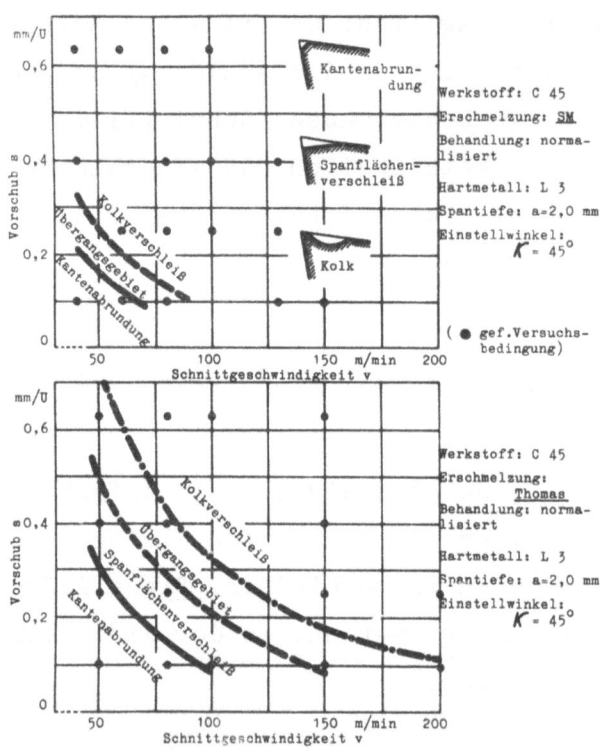

Abbildung 7
Einfluß von Schnittgeschwindigkeit und Vorschub
auf die Verschleißformen der Spanfläche
(nach WEBER)

Ein Vergleich des Verschleißes an einem Drehwerkzeug und an einem Räumwerkzeug bei betriebsüblichen Schnittbedingungen zeigt, daß ein Räumwerkzeug weniger auf Verschleiß beansprucht wird. Vielmehr haben Verklebungen auf Span- und Freifläche auf das Ende der Standzeit einen großen Einfluß. Letzteres trifft jedoch nicht zu für das Zerspanen harter Werkstoffschichten durch den Räumvorgang, wie dies beim Durchtrennen von Guß- und Schmiedehäuten sowie Zunderschichten der Fall ist.

Dementsprechend ist die Oberflächengüte nach einem bestimmten Räumweg ein Maß für die Standzeit des Räumwerkzeuges. Aus diesem Grunde wurden bei den folgenden Untersuchungen die Oberflächengüte des Werkstückes, die Verschleißmarkenbreite und Kantenabrundung des Werkzeuges ermittelt.

Die Verschleißmarkenbreite auf der Freifläche bildet sich infolge der Reibung an der bearbeiteten Werkstückfläche; sie verläuft längs der Schneidkante und wird an den Spanbrechernuten etwas breiter. Infolge des

Forschungsberichte des Wirtschafts- und Verkehrsministeriums Nordrhein-Westfalen

verminderten Freiwinkels und der erhöhten Reibung wächst diese Abnutzung der Räumnadel mit zunehmendem Räumweg. Gleichzeitig tritt eine Verschlechterung der Oberflächengüte und Maßhaltigkeit und ein Ansteigen der Schnittkraft ein.

Aus diesen oben geschilderten Gründen ist die Bestimmung des zulässigen Abnutzungsgrades an einem Räumwerkzeug eine der wichtigsten Aufgaben dieses Versuchsvorhabens.

6. Zusammenfassung

Das Räumen ist ein Verfahren der Massenfertigung. Es findet vorzugsweise dort Anwendung, wo es gilt, große Stückzahlen mit hoher Maß- und Formgenauigkeit und guter Oberflächengüte herzustellen. Im allgemeinen wird die Standzeit des Werkzeuges dabei durch eine Zunahme der Rauhigkeit beendet, ohne daß das Werkzeug vollkommen schneidunfähig wird.

Da beim Räumen unter Schnittbedingungen gearbeitet wird, die mit dem normalen Drehvorgang bei mittleren Spanquerschnitten nicht zu vergleichen sind, treten andere Verschleißerscheinungen - vor allen Dingen die Kantenabrundung - in den Vordergrund. Neben den Schnittbedingungen und der Werkzeuggestaltung spielt die Schneidstoff-Werkstoff-Paarung und die Wahl einer geeigneten Schneidflüssigkeit eine wesentliche Rolle.

III. Räumversuche an Stahl 16 Mn Cr 5

1. Versuchsdurchführung

a) Versuchsbedingungen und -umfang

Für die Untersuchungen über den Räumvorgang wurde das Außenräumen einer ebenen Fläche als einfachstes Räumverfahren gewählt.

Die Versuche wurden an Vierkantstäben mit einer Kantenlänge von 28 mm durchgeführt, wobei die Werkstoffzufuhr durch die unter d) beschriebene Vorrichtung vorgenommen wurde.

Es war Aufgabe der Untersuchungen, über die Beurteilung der geräumten Werkstückoberfläche zu einer Aussage über das Standzeitverhalten eines Räumwerkzeuges zu gelangen und darüber hinaus das Verschleißverhalten eines Räumwerkzeuges aus Schnellarbeitsstahl in Verbindung mit der Spanbildung zu ermitteln.

So wurden die Versuche bei Schnittgeschwindigkeiten in einem Bereich von $v = 0,1$ bis 9 m/min durchgeführt, wobei die untere Grenze dieses Bereiches weit unter den in der Praxis üblichen Schnittgeschwindigkeiten liegt und lediglich Interesse für einen Einblick in die Spanbildung hat.

Weiterhin wurden die Untersuchungen bei verschiedener Schneidengeometrie des Werkzeuges durchgeführt. Dabei wurden Schrupp- und Schlichtwerkzeuge mit Spandicken entsprechend einer Zahnsteigung von 0,05 und 0,02 mm eingesetzt. Außerdem wurden Werkzeuge mit und ohne Fase, mit Freiwinkeln von $\alpha = 2°$ und $8°$ und mit Spanwinkel von $\gamma = 10°$ und $15°$ verwendet.

Als Schneidöl diente ein handelsübliches Schneidöl mit einer Viscosität von ca. 21 c ST/50°C entsprechend 3,0 E°. Die Versuche wurden dabei bis etwa zu 20 000 Hüben entsprechend einem Gesamträumweg von etwa 500 m durchgeführt.

b) Versuchswerkzeuge

Für die Außenräumversuche an ebenen Flächen wurden Schrupp- und Schlichtwerkzeuge aus Schnellarbeitsstahl der Klasse DMo 5 eingesetzt (Abb. 8).

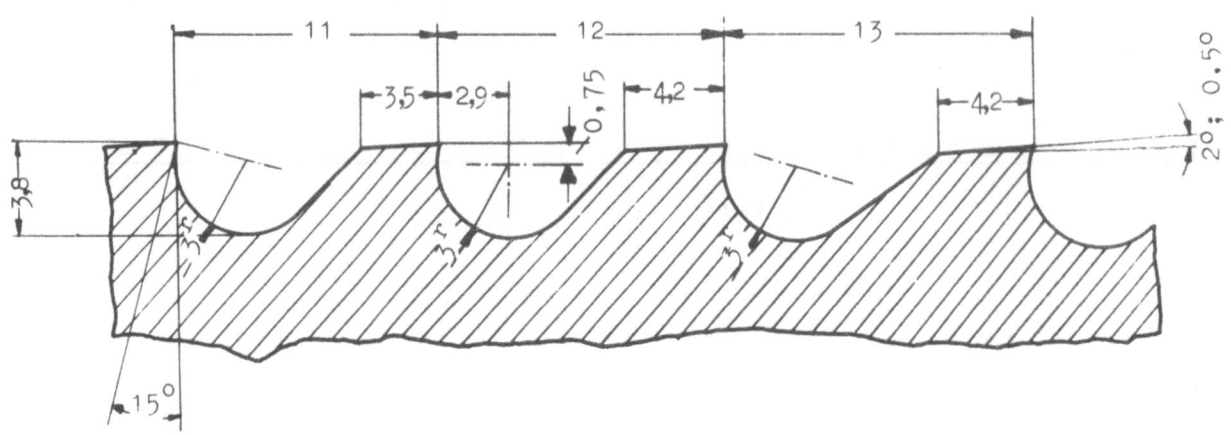

A b b i l d u n g   8
Zahnform des Versuchswerkzeuges

Dabei wurden bei den einzelnen Versuchsreihen die Werkzeuge mit folgender Schneidengeometrie verwendet.

Die Werkzeugaufbereitung wurde jeweils unter den gleichen Bedingungen durchgeführt.

Tabelle 4

Schneidengeometrie der Versuchswerkzeuge

Nr.	Werkzeug	Zahn-steigung $h_{(mm)}$	Frei-winkel α	Span-winkel γ	Fasen-breite $f_{(mm)}$
1	Schruppen	0,05	2°	15°	-
2	Schruppen	0,05	2°	10°	0,18
3	Schlichten	0,02	2°	15°	-
4	Schlichten	0,02	2°	10°	0,18
5	Schlichten	0,02	8°	15°	-

c) Versuchswerkstoff

Eine Umfrage in Industriebetrieben ergab, daß der Einsatzstahl 16 MnCr 5 sehr häufig durch Räumen bearbeitet wird, weshalb er bei den Untersuchungen über den Räumvorgang eingesetzt wurde. Tabelle 5 enthält die Analyse des Versuchswerkstoffes. Es ist zu erkennen, daß der verwendete Versuchswerkstoff hinsichtlich seines Kohlenstoff- und Mangangehaltes unterhalb der Analysentoleranzen nach DIN 17210 liegt.

Tabelle 5

Analysen des Werkstoffes 16 Mn Cr 5

Element	Richtanalyse	Chargenanalyse
C	0,14 ... 0,19 %	0,13 %
Si	0,15 ... 0,35 %	0,27 %
Mn	1,0 ... 1,3 %	0,94 %
P	0,035 %	0,026 %
S	0,035 %	0,011 %
Cr	0,8 ... 1,1 %	0,91 %

Der Versuchswerkstoff besitzt eine (aus der Brinellhärte ermittelte) Zugfestigkeit von $\sigma_B = 53 \ldots 54$ kg/mm².

Abbildung 9 zeigt das Gefüge des Versuchswerkstoffes im normalisierten Zustand. Nach der Wärmebehandlung lag der Werkstoff in ferritisch-lamellar-perlitischem Zustand vor. Entsprechend dem geringen Kohlenstoffgehalt überwiegt der Ferritanteil. Die Korngröße nach ASTM-Skala beträgt 5...6.

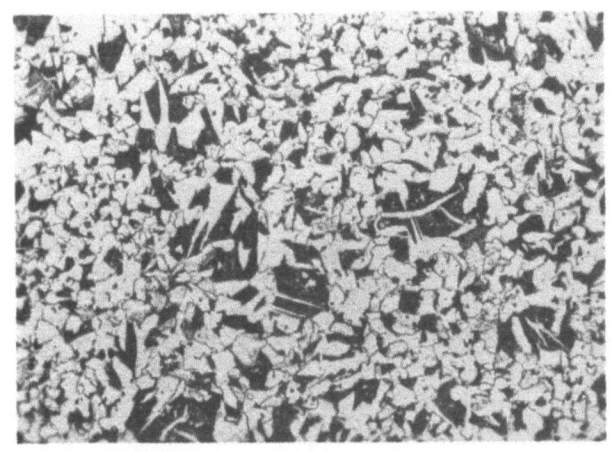 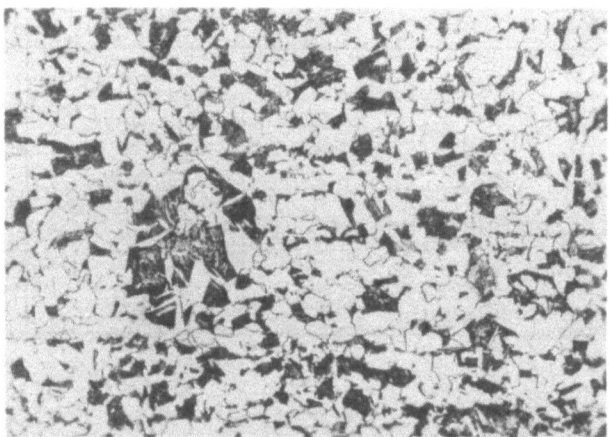

a) quer zur Walzrichtung   b) längs zur Walzrichtung

A b b i l d u n g   9
Gefüge des Versuchswerkstoffes 16 Mn Cr 5
Normalisierter Zustand (880°/Luft)

d) Versuchsmaschine

Als Versuchsmaschine stand eine Senkrecht-Räummaschine Type Ria 5 der Oswald Forst GmbH., Solingen, zur Verfügung. Die Maschine wurde auf automatischen Betrieb (elektro-hydraulisch) umgebaut, wobei die Anzahl der Arbeitshübe durch ein Zählwerk registriert wird.

Zur Spanung und zum Vorschub der Werkstoffstange nach jedem Arbeitshub wurde eine Sondervorrichtung entwickelt, deren Aufbau auf dem Konsol der Maschine Abbildung 10 wiedergibt.

Die verhältnismäßig lange Versuchsdauer machte diese besonderen Vorkehrungen für eine wirtschaftliche Versuchsdurchführung erforderlich. Durch die Spannvorrichtung wurde das Räumen von der Werkstoffstange und damit eine vollautomatische Arbeitsweise ermöglicht. Die Werkstoffstange wird gegen einen Anschlag vorgeschoben, der unterhalb des Räumwerkzeuges angeordnet ist. Zu Beginn des Arbeitshubes wird die Werkstoffstange automatisch gespannt, bei Ende des Arbeitshubes entspannt und beim Rücklauf des Werkzeugschlittens automatisch vom Werkzeug freigesetzt.

Abbildung 10
Versuchsmaschine mit Werkstück-Spannvorrichtung

e) Meßgrößen und Meßverfahren

Da erste Testversuche zeigten, daß die Messung des Werkzeugverschleißes am Räumwerkzeug keine eindeutigen Zusammenhänge aufdeckt, wurde als Standzeitkriterium vor allem die Oberflächengüte des geräumten Werkstückes herangezogen. Aus diesem Grunde wurde die Oberflächenrauhigkeit des Werkstückes in Abhängigkeit vom Räumweg ermittelt.

Der Räumversuch wurde nach bestimmten Räumwegen unterbrochen und Werkstück und Werkzeug wurden auf ihre Beschaffenheit hin untersucht; dabei errechnet sich der Räumweg s aus dem Produkt aus Hubzahl z und der räumbaren Länge des Werkstückes: $s = z \cdot x = z \cdot 28$ mm.

Von der Werkstoffstange, deren Stirnseite geräumt wird, wird nach dem jeweiligen Räumweg eine Probe entnommen, deren Oberfläche quer zur Werkzeugbewegung an den sechs in Abbildung 11 angegebenen Stellen mit dem Perth-O-Meter oder dem Oberflächenmeßgerät nach Leitz-Forster abgetastet wird. Gemessen wird die Rauhigkeit R in Mikron (μ).

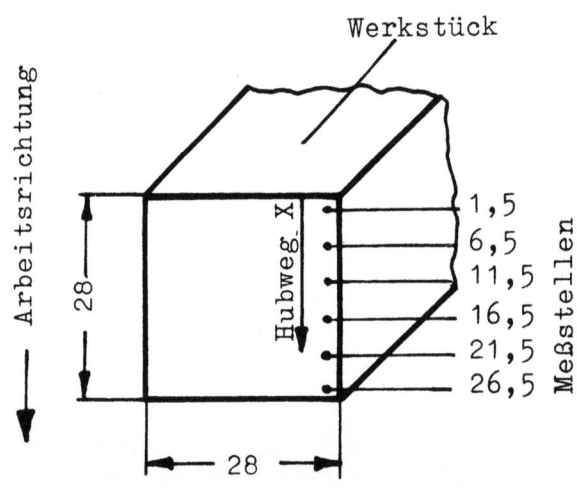

Abbildung 11

Meßstellen zur Bestimmung der Oberflächenrauhigkeit am geräumten Werkstück

Ein unter bestimmten Bedingungen auftretender und meßbarer Verschleiß auf der Freifläche ließ sich nur bei Werkzeugen ohne Freiflächenfase feststellen und wurde auf einem Werkstatt-Mikroskop mit 40-facher Vergrößerung gemessen.

Zur Messung der Schneidkantenabrundung wurden nach bestimmten Räumwegen Abdrücke der Schneidkanten in Bolzen aus Elektrolyt-Kupfer angefertigt. Da unter diesen Versuchsbedingungen die Aufbauschneide nicht fest mit dem Schneidenwerkstoff verschweißt war, konnten die anhaftenden Schneidenansätze vorher entfernt werden, indem ein Leichtmetallstab mit einem Hammerschlag gegen die Schneidkante gedrückt wurde; dabei blieben die Schneidenansätze in dem weichen Material haften und lösten sich somit vom Werkzeug. Die Bolzen aus Elektrolytkupfer werden vorher an der Stirnseite geschliffen und auf den abgeflachten Längsflächen feingeschliffen.

Die Auswertung erfolgt auf einem Zeiß-Neophot, bei welchem der Eindruck der Schneidkante so auf die Mattscheibe projiziert wird, daß er mit Hilfe einer Radienschablone gemessen werden kann.

Die schlechte Räumbarkeit des Werkstoffes 16 Mn Cr 5 macht sich insbesondere dadurch bemerkbar, daß schon bei verhältnismäßig geringen Koordinaten x (nach Abb. 11) die Aufbauschneide instabil wird, so daß sich eine Schuppenbildung bereits kurz nach Eintritt des Räumwerkzeuges in den Werkstoff bemerkbar macht.

In diesem Fall ist die Rauhigkeit, wie sie abhängig von der Koordinate x und der gesamten Räumlänge gemessen wird, gewissen Streuungen unterworfen, die keine eindeutige Tendenz erkennen lassen. Durch die Auswahl geeigneter Schneidöle konnten in Vorversuchen diese Streuungen auf ein Mindestmaß verringert werden.

A b b i l d u n g   12
Ausbildung der Oberfläche in Abhängigkeit
von der Koordinate x (nach Abb. 11)

Abbildung 12 zeigt eine geräumte Oberfläche und läßt in Abhängigkeit von der Koordinate x die unterschiedliche Rauhigkeit und Schuppenbildung erkennen. Die Oberfläche verschlechtert sich kontinuierlich von der Eintrittsseite des Werkzeuges nach dessen Auslaufseite hin. Dieser Effekt ist von ERNST und MERCHANT [6] ebenfalls bei der Bearbeitung von

Forschungsberichte des Wirtschafts- und Verkehrsministeriums Nordrhein-Westfalen

kalt aufhärtenden Werkstoffen mit Einzahnwerkzeugen bei ähnlichen Schnittbedingungen festgestellt worden.

Zunächst wurde versucht, durch verschiedene Werkzeugbehandlungen (Feinstschleifen der Freiflächen, Polieren der Spankammern usw.) die Oberflächengüte so zu verbessern, daß eindeutige Tendenzen zu ermitteln waren. Alle diese Maßnahmen erwiesen sich jedoch als nicht erfolgreich, so daß hieraus geschlossen werden kann, daß der Werkzeugzustand bei den Schnittbedingungen des Räumvorganges von untergeordneter Bedeutung für Werkstoffverklebung in der Gegend der Schneidkante ist. Durch Zusatz von 3,5 % Tetrachlorkohlenstoff zum Schneidöl besserte sich die Oberflächengüte schlagartig und zeigte einen stetigen Verlauf über die Koordinate x bei allen Räumwegen s. Das so vorbereitete Öl wurde für weitere Versuche verworfen, da es - bedingt durch den verhältnismäßig niedrigen Dampfdruck des Tetrachlorkohlenstoffes - keine konstanten Versuchsbedingungen über einen längeren Zeitraum gewährleistet; zudem kommt CCl_4 wegen seiner Giftigkeit für die Verwendung in der Praxis nicht in Frage. An seine Stelle trat ein Sonderschneidöl, mit dem alle weiteren Versuche durchgeführt wurden.

2. Versuchsergebnisse und Auswertung

Bei allen Räumversuchen wurde die Oberflächenrauhigkeit R bei verschiedenen Koordinaten x nach Abbildung 11 gemessen und für die jeweiligen Schnittbedingungen in Abhängigkeit vom Räumweg dargestellt. Im einzelnen wurde der Einfluß der Schnittgeschwindigkeit, der Werkzeuggeometrie, der Werkzeugbehandlung und der Schneidflüssigkeit auf die Oberflächengüte ermittelt.

a) Einfluß der Schnittgeschwindigkeit auf die Oberflächengüte

Um den Einfluß der Schnittgeschwindigkeit auf die Oberflächenrauhigkeit des geräumten Werkstückes zu bestimmen, wurden Versuche mit Räumgeschwindigkeiten im Bereich zwischen $v = 0,1 \ldots 9$ m/min durchgeführt. Bei diesen Untersuchungen wurden frisch geschliffene Werkzeuge und Werkzeuge bei verschiedenen Abnutzungszuständen eingesetzt. Gleichermaßen wurde auch die Werkzeuggeometrie variiert. Für die zugehörigen vergleichbaren Versuchsbedingungen zeigte sich jedoch in diesem Schnittgeschwindigkeitsbereich beim Außenräumen dieses Werkstoffes 16 Mn Cr 5 praktisch kein

Einfluß der Schnittgeschwindigkeit auf die zu erzielende Oberflächengüte. Es muß dazu erwähnt werden, daß Schneidöle mit einem schwachen Fettgehalt Anwendung fanden, die teilweise gute Ergebnisse lieferten.

Die häufige Beobachtung der Praxis, daß die Oberflächengüte vorzugsweise bei niedrigen Schnittgeschwindigkeiten besser wird, dürfte sich demnach auf stark gefettete Schneidöle beziehen.

b) Einfluß der Werkzeuggeometrie auf die Oberflächengüte

Bei den Räumversuchen wurden Schlicht- und Schruppwerkzeuge mit der üblichen Zahnsteigung (Spandicke) von h = 0,02 und 0,05 mm verwendet. Es zeigte sich, daß die Rauhigkeit mit größer werdender Spandicke zunimmt. Teilweise ist es jedoch schwierig, diesen Einfluß mit genügender Genauigkeit zu ermitteln, da sich Teile der am Werkzeug anhaftenden Aufbauschneiden in die Oberfläche des Werkstückes einpressen und Abmessungen erreichen, die die Zahnsteigung überschreiten. Diese Erscheinung ist grundsätzlich bei beiden Spantiefen zu beobachten und geht einwandfrei aus den Profilschnitten nach Leitz-Forster hervor.

Bei den ersten Versuchen wurden Werkzeuge mit einem Freiwinkel von $\alpha = 2°$ verwendet. Das Räumwerkzeug zeigte schon nach kurzer Eingriffszeit Verklebungen an der Schneidkante (stabile Aufbauschneiden), die auch an der Freifläche haften. (Hierfür findet sich im Schrifttum auch die Bezeichnung "Anbauschneide", die hier vermieden wird, da es sich bei dieser Erscheinung um einen Teil der Aufbauschneide handelt, so daß kein grundsätzlicher Unterschied zur Aufbauschneide besteht). Abgesehen von den Ursachen einer solchen Ausbildung der Aufbauschneide kann man annehmen, daß größere Freiwinkel diese Erscheinung vermindern müssen, da die Angriffsfläche für die Verklebungen hierdurch herabgemindert wird.

Der Versuch bestätigt diese Annahme. So zeigt die Abbildung 13 den Verlauf der Rauhigkeit R in Abhängigkeit vom Räumweg s und der Koordinate x nach Abbildung 11 für ein Schlichtwerkzeug (h = 0,02 mm) mit einem Freiwinkel $\alpha = 2°$ und einem Spanwinkel $\gamma = 15°$ bei einer Schnittgeschwindigkeit v = 6 m/min.

Abbildung 14 zeigt die gleiche Abhängigkeit für ein Schlichtwerkzeug mit einem Freiwinkel $\alpha = 8°$ bei einer Räumgeschwindigkeit v = 9 m/min. Da nach a praktisch kein Einfluß der Schnittgeschwindigkeit besteht, ist ein Vergleich der Versuchsergebnisse möglich. Gleichzeitig haben Untersuchungen in der Praxis ergeben, daß eine Vergrößerung des Freiwinkels von $\alpha = 2°$ auf $4°$ eine Standzeitverbesserung der Werkzeuge von etwa 25 % ergibt.

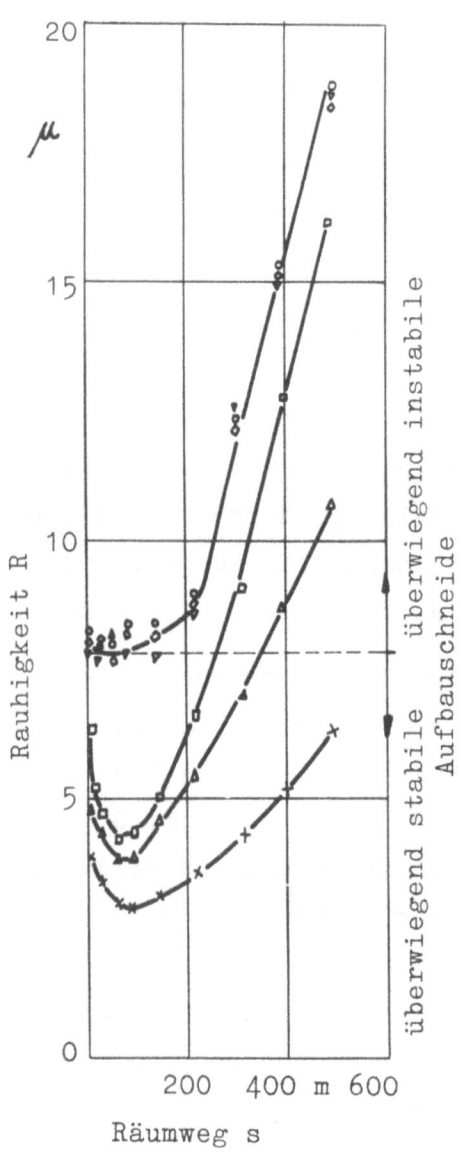

A b b i l d u n g   13

Oberflächenrauhigkeit in Abhängigkeit vom Räumweg s beim Schlichtwerkzeug
Werkstoff: 16 Mn Cr 5, Spanwinkel: $\gamma = 2°$
Werkzeug: SS-DMo 5, Zahnsteigung: h = 0,02 mm
Freiwinkel: $\alpha = 2°$, Schnittgeschwindigkeit: v=6 m/min

x x = 1,5 mm,   ∇ x = 16,5 mm
△ x = 6,5 mm,   ◇ x = 21,5 mm
□ x =11,5 mm,   o x = 26,5 mm

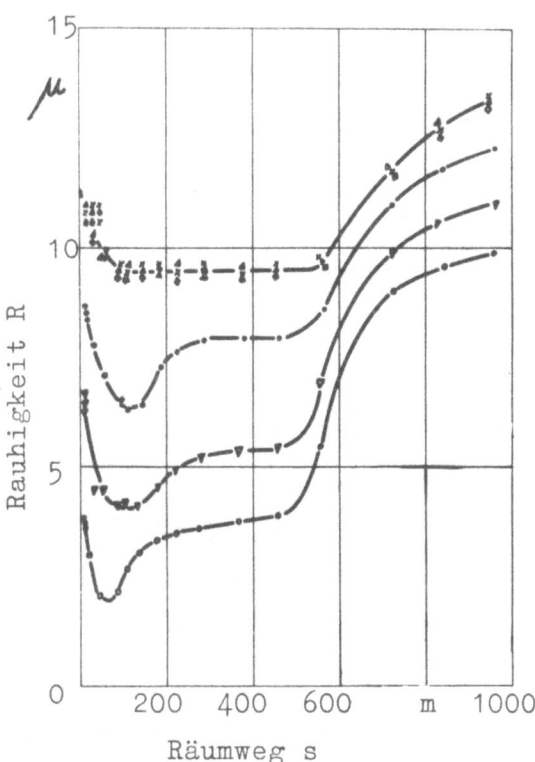

A b b i l d u n g   14

Oberflächenrauhigkeit in Abhängigkeit vom Räumweg s beim Schlichtwerkzeug

Werkstoff: 16 Mn Cr 5, Spanwinkel: $\gamma = 15°$

Werkzeug: SS-D Mo 5, Zahnsteigung: h = 0,02 mm

Freiwinkel: $\alpha = 8°$, Schnittgeschwindigkeit: v=9 m/min

• x = 1,5 mm, △ x = 16,5 mm

▽ x = 6,5 mm, ◇ x = 21,5 mm

○ x = 11,5 mm, ✕ x = 26,5 mm

Beide Diagramme geben sehr deutlich die Einlaufvorgänge wieder, die sich insbesondere im Bereich der stabilen Aufbauschneide und bei kleinen Räumwegen bemerkbar machen. Nach Beendigung dieses Einlaufvorganges wächst die Oberflächenrauhigkeit bei beiden Versuchsreihen mit zunehmendem Räumweg an. Da sich die Bereiche der stabilen und instabilen Aufbauschneide nicht deutlich abgrenzen, sondern allmählich ineinander übergehen, kann man annehmen, daß lediglich die stabile Aufbauschneide vom Einlaufvorgang betroffen wird. Diese Annahme muß allerdings noch durch weitere Versuche bestätigt werden (auf das Zustandekommen von stabiler oder instabiler Aufbauschneide wird weiter unten noch näher eingegangen).

Die Abbildungen 13 und 14 weisen gleichzeitig auf die Problematik in der Definition der Standzeit eines Räumwerkzeuges hin. Man kann z.B. das Standzeitende durch eine auftretende Maximalrauhigkeit definieren. Eine andere Definition kann darauf beruhen, daß man innerhalb eines gewissen Bereiches der Koordinate x eine bestimmte Mindestrauhigkeit vorschreibt, d.h. den Teil der Werkstücklänge bestimmt, der eine größere als diese Rauhigkeit aufweist.

In weiteren Versuchen wurde ein Schlichtwerkzeug mit einem Freiwinkel $\alpha = 2°$ und einer Fase am letzten Räumzahn von $f = 0,18$ mm eingesetzt. Mit einer mittleren Teilung von $t_m = 9$ mm ergibt sich $\alpha' = 0,112°$ und $h_f = 0,2\,\mu$. Diese Werte sind also sehr gering und dürften die Mikrogeometrie nicht beeinflussen. Der kleinere Spanwinkel ($\gamma = 10°$) müßte eine Verschlechterung der Oberflächengüte bedingen.

Die Meßergebnisse in Abbildung 15 zeigen jedoch deutlich, daß die Oberflächenrauhigkeit geringer ist als in den Vergleichsfällen. Hierfür kann zur Zeit noch keine eindeutige Erklärung gegeben werden; insbesondere ist nicht bekannt, wie diese Verhältnisse bei anderen Werkstoffen liegen. Wahrscheinlich ist die bessere Oberfläche dem Vorhandensein der Fase zuzuschreiben, denn es ist - wie schon oben erwähnt - in der Praxis bekannt, daß neu geschärfte Werkzeuge schlechtere Oberflächen ergeben.

Beim Außenräumen hat die Größe des Freiwinkels an sich nur einen geringen Einfluß auf die Maßhaltigkeit der geräumten Fläche oder des Profils. Andererseits wird der durch den Verschleiß auf der Freifläche hervortretende Schneidkantenversatz zu groß. Aus diesem Grunde soll eine kurze Betrachtung einen Anhalt geben über die Größe des Schneidkantenversatzes.

Der Schneidkantenversatz SKV errechnet sich aus

$$SKV = B \cdot \operatorname{tg} \alpha,$$

worin B die Verschleißmarkenbreite und α den Freiwinkel darstellen. Der durch die Formel gegebene Zusammenhang ist in Abbildung 16 dargestellt, wo der Schneidkantenversatz für verschiedene Freiwinkel in Abhängigkeit von der Verschleißmarkenbreite aufgetragen ist. Das eingezeichnete Ablesebeispiel bezieht sich auf die Werkzeuge, deren Rauhigkeitskurven in den Abbildung 13 und 14 wiedergegeben sind. Für das Werkzeug mit einem Freiwinkel von $\alpha = 2°$ beträgt der Schneidkantenversatz $SKV = 5,8\,\mu$ bei einer Verschleißmarkenbreite von $B = 0,16$ mm. Für ein Werkzeug mit 8°

Freiwinkel darf die Verschleißmarkenbreite bei demselben Schneidkantenversatz B = 0,04 mm betragen. Dies war nach Abbildung 16 etwa nach der doppelten Räumlänge der Fall. Es ist hingegen abwegig, von der doppelten Standzeit zu sprechen, da hierzu die Rauhigkeit als maßgebend angesehen werden muß.

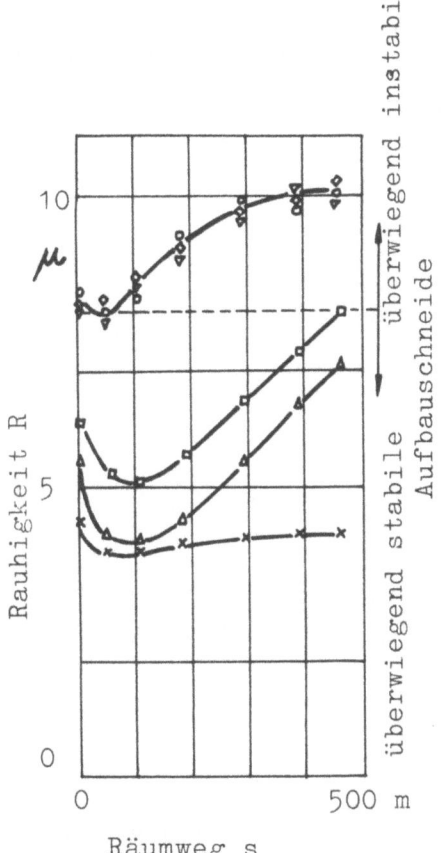

Abbildung 15

Oberflächenrauhigkeit in Abhängigkeit vom Räumweg s
beim Schlichtwerkzeug mit Fase

Werkstoff: 16 Mn Cr 5, Fasenbreite: f = 0,18 mm
Werkzeug: SS-D Mo 5,   Zahnsteigung: h = 0,02 mm
Freiwinkel: $\alpha = 2°$,   Schnittgeschwindigkeit: v=6 m/min
Spanwinkel: $\gamma = 10°$,

$\times$ x = 1,5 mm, ∇ x = 16,5 mm
$\triangle$ x = 6,5 mm, $\Diamond$ x = 21,5 mm
$\square$ x = 11,5 mm,   o x = 26,5 mm

Abbildung 16 zeigt ferner, daß man mit großer Genauigkeit den zulässigen Freiflächenverschleiß abschätzen kann, der sich für den gleichen Schneidkantenversatz bei geändertem Freiwinkel ergibt. Ist B_1 die

Verschleißmarke, die sich am Freiwinkel α_1 ergibt, und B_2 die Verschleißmarke, die sich bei gleichem Schneidkantenversatz am Freiwinkel α_2 ergeben soll, so gilt:

$$B_2/B_1 = \alpha_1/\alpha_2; \quad B_2 = B_1 \cdot \alpha_1/\alpha_2$$

Diese Gleichungen besagen, daß man für übliche Freiwinkel mit großer Genauigkeit $\tg \alpha = \alpha$ setzen kann.

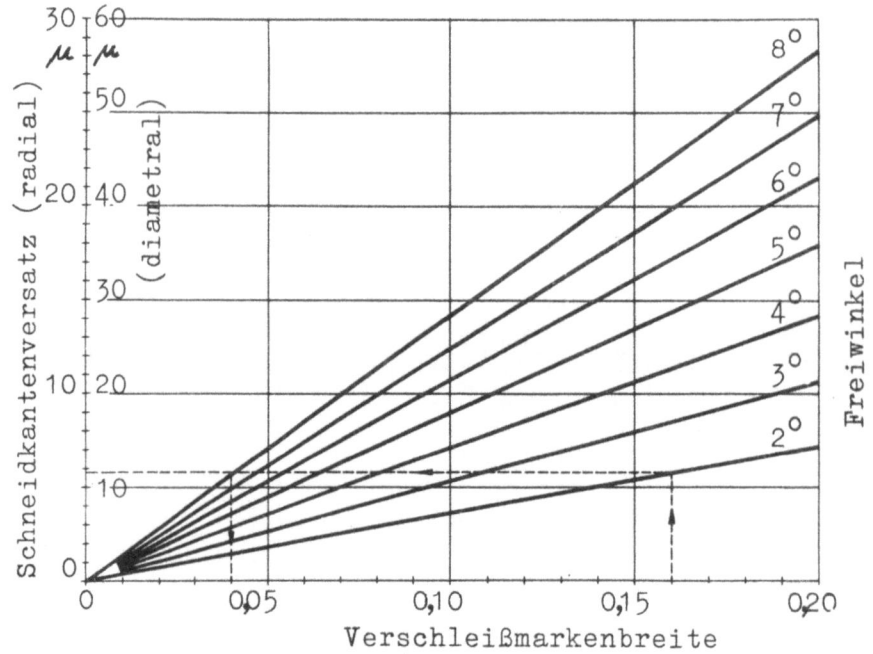

Abbildung 16

Schneidkantenversatz in Abhängigkeit von der Verschleißmarkenbreite
(gilt nur, wenn keine Fase angeschliffen)

Weitere Untersuchungen über den Verschleiß an Räumwerkzeugen haben jedoch gezeigt, daß die Darstellung aus Abbildung 16 nur bedingt anwendbar ist. In einem späteren Abschnitt wird dieses näher erläutert.

Die hier beschriebenen Untersuchungen beim Außenräumen ebener Flächen mit Schlichtwerkzeugen wurden ebenfalls mit Schruppwerkzeugen (Zahnsteigung h = 0,05 mm) durchgeführt. Die Schneidengeometrie der Versuchswerkzeuge war: Freiwinkel $\alpha = 2°$; Spanwinkel $\gamma = 10$ und $15°$; die Schnittgeschwindigkeit betrug v = 6 m/min.

Auf den Abbildungen 17 und 18 sind die Versuchsergebnisse der Oberflächenmessungen aufgetragen. Sie zeigen einen ähnlichen Verlauf wie die Abbildungen 13 und 15, jedoch sind die Abhängigkeiten nicht so stark ausgeprägt. Zunächst fällt die Oberflächenrauhigkeit ab und steigt nach dem Einlaufvorgang mit zunehmendem Räumweg wieder an. Der Anteil der Rauhigkeit bei instabiler Aufbauschneide ist naturgemäß hier größer als bei den Schlichtwerkzeugen. Es zeigt sich ferner erneut, daß das Werkzeug mit Fase etwas besser liegt als das Werkzeug ohne Fase. Die Rauhigkeit bei großen Koordinaten x ist beträchtlich (20 bis 26 μ bei s = 500 m).

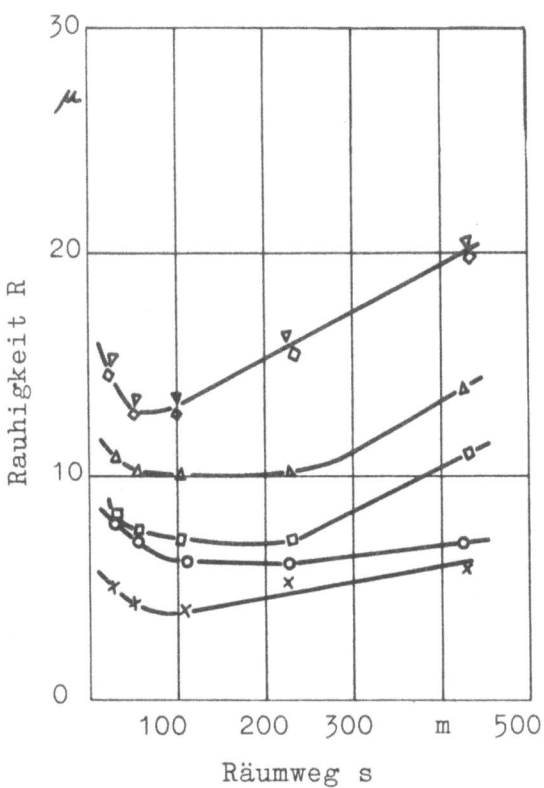

A b b i l d u n g   17

Oberflächenrauhigkeit in Abhängigkeit vom Räumweg
beim Schruppwerkzeug mit Fase

Werkstoff: 16 Mn Cr 5,   Spanwinkel: γ = 10°
Werkzeug: SS-D Mo 5,   Zahnsteigung: h = 0,05
Freiwinkel: α = 2° mit Fase,   Schnittgeschwindigkeit: v = 6 m/min

× x = 1,5 mm,   △ x = 16,5 mm
○ x = 6,5 mm,   ▽ x = 21,5 mm
▫ x = 11,5 mm,   ◇ x = 26,5 mm

Bei den bisherigen Versuchsergebnissen auf den Abbildungen 13 bis 15 und 17 und 18 ging die Schneidengeometrie des frisch geschliffenen

Werkzeuges als Parameter in die graphischen Darstellungen ein. Nach bestimmten Räumwegen kann sich jedoch die Werkzeuggeometrie durch den Verschleiß in beträchtlichen Bereichen ändern. So wird in der Hauptsache der Abrundungsradius der Schneidkante größer und hat somit Einfluß auf die Rauhigkeit der erzeugten Werkstückoberfläche. Durch das vorher beschriebene Meßverfahren konnte die Kantenabrundung mit guter Genauigkeit

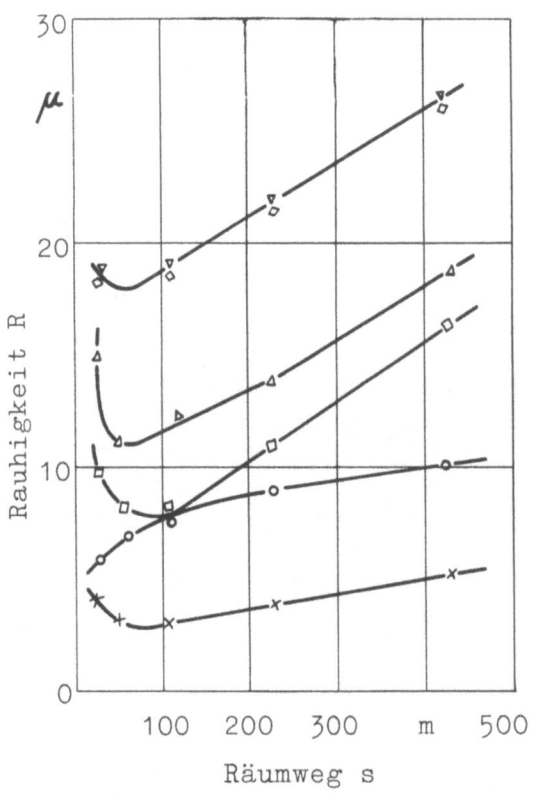

A b b i l d u n g   18

Oberflächenrauhigkeit in Abhängigkeit vom Räumweg beim Schruppwerkzeug

Werkstoff: 16 Mn Cr 5,   Spanwinkel: $\gamma = 15°$
Werkzeug: SS-D Mo 5,   Zahnsteigung: h = 0,05 mm
Freiwinkel: $\alpha = 2°$,   Schnittgeschwindigkeit: v=6 m/min

× x = 1,5 mm,   △ x = 16,5 mm
○ x = 6,5 mm,   ▽ x = 21,5 mm
□ x = 11,5 mm, ◇ x = 26,5 mm

ermittelt werden. In Abbildung 19 ist der Abrundungsradius der Schneidkante in Abhängigkeit vom Räumweg s aufgetragen. Beim frisch geschliffenen Werkzeug beträgt der Schneidenabrundungsradius 5 bis 8 ; mit zunehmendem Räumweg wird ϱ größer, wobei die Zunahme degressiv verläuft. Als

Parameter sind in dieser Darstellung elf verschiedene Zähne ein und desselben Werkzeuges enthalten, die unter gleichen Schnittbedingungen gearbeitet haben, wobei einige Kurven sich decken, und die ausgezogenen Kurven für die beiden letzten Zähne des Räumweges gelten.

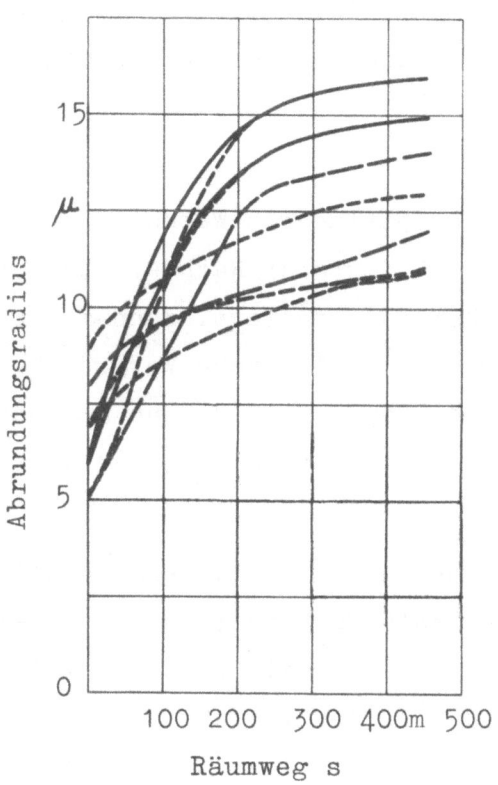

A b b i l d u n g   19

Abrundungsradius in Abhängigkeit vom Räumweg beim Schruppwerkzeug

Werkstoff: 16 Mn Cr 5, Spanwinkel: $\gamma = 15°$
Werkzeug: SS-D Mo 5, Zahnsteigung: h = 0,05 mm
Freiwinkel: $\alpha = 2°$, Schnittgeschwindigkeit: v=6 m/min

Jede Kurve besteht aus 5 Meßpunkten
- - - - eine Kurve
——— —— zwei sich deckende Kurven
——————— Kurven für die beiden letzten Zähne
Parameter: 11 Zähne

Die Bestimmung der Verschleißform auf der Freifläche ist ungleich schwieriger, da die Freiflächenmarke von einer anklebenden Werkstoffschicht überzogen ist (es soll in diesem Zusammenhang der Ausdruck "Freiflächenmarke" anstelle von "Verschleißmarke" gesetzt werden, da die Ursachen für diese Verschleißform bei den Schnittbedingungen des Räumens weitgehend unbekannt und ungeklärt sind, und die Wahrscheinlichkeit besteht, daß sie nicht dem Verschleiß zugeschrieben werden können). Es ist äußerst schwierig und nicht einwandfrei gelungen, die anklebende Werkstoffschicht zu entfernen, ohne den Schnellarbeitsstahl dabei anzugreifen. Ein Abschleifen oder Abpolieren scheidet wegen der dabei auftretenden Nebenerscheinungen aus; ein einwandfrei wirkendes Ätzverfahren für diesen Zweck muß noch entwickelt werden.

Die der Freiflächenmarke überlagerte Werkstoffschicht ist auf verschiedene Arten nachzuweisen. Ein großer Nachweis besteht darin, daß man die Freiflächenmarke zunächst fotografiert, dann mit einer Schlichtfeile abzieht und wieder fotografiert (10-fache Vergrößerung). Aus einem Vergleich der beiden so erhaltenen Bilder kann man unschwer erkennen, daß es sich um eine auf der Freifläche anhaftende Werkstoffschicht (Verklebung) handelt.

Eine Ätzung mit Ammoniumpersulfat zeigt eine deutliche dunkelbraune Färbung der anhaftenden Werkstoffschicht; es ist andererseits nach diesem Verfahren nicht möglich, die Werkstoffschicht vollkommen zu entfernen. Auch eine Kombination der beiden Verfahren führte bis jetzt noch zu keinem brauchbaren Ergebnis.

Ein weiterer Nachweis über die Werkstoffverklebungen gelingt durch Abtasten der Freifläche mit dem Leitz-Forster Oberflächentastgerät. Abbildung 20 zeigt einen solchen Profilschnitt, der senkrecht zur Schneide aufgenommen wurde. Der Schneidenansatz ist in dieser überhöhten Darstellung recht deutlich zu erkennen.

Oberflächenaufnahmen der bearbeiteten Oberflächen quer zur Arbeitsrichtung geben weitere Aufschlüsse über die Verklebungen auf der Freifläche. In Abbildung 21 sind solche Profilaufnahmen - abhängig von der Koordinate x - dargestellt. Man erkennt an den eingezeichneten Linien, daß die Rauhigkeit in der Größenordnung der Zahnsteigung liegt, und bei größeren Koordinaten x sogar mit der Zahnsteigung vergleichbar ist.

Aus den geschilderten Schwierigkeiten über das Ablösen der Verklebungen und Aufbauschneiden auf der Freifläche ergibt sich zunächst die Notwendigkeit, die Span- und Freifläche des Werkzeuges so zu bearbeiten, daß das Ablösen der anhaftenden Werkstoffschichten durch Ätzen erleichtert

Forschungsberichte des Wirtschafts- und Verkehrsministeriums Nordrhein-Westfalen

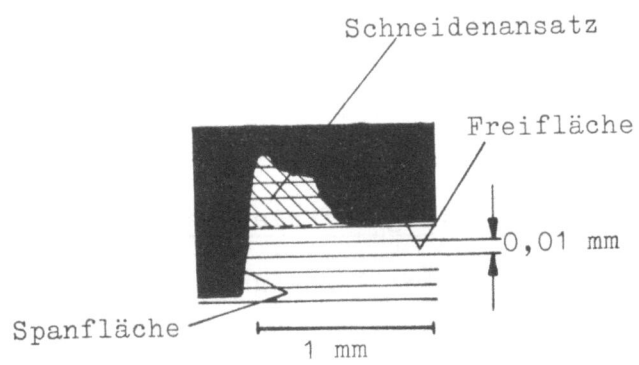

Abbildung 20

Schneidenansatz (Werkstoffverklebung) auf der Freifläche eines Räumzahnes

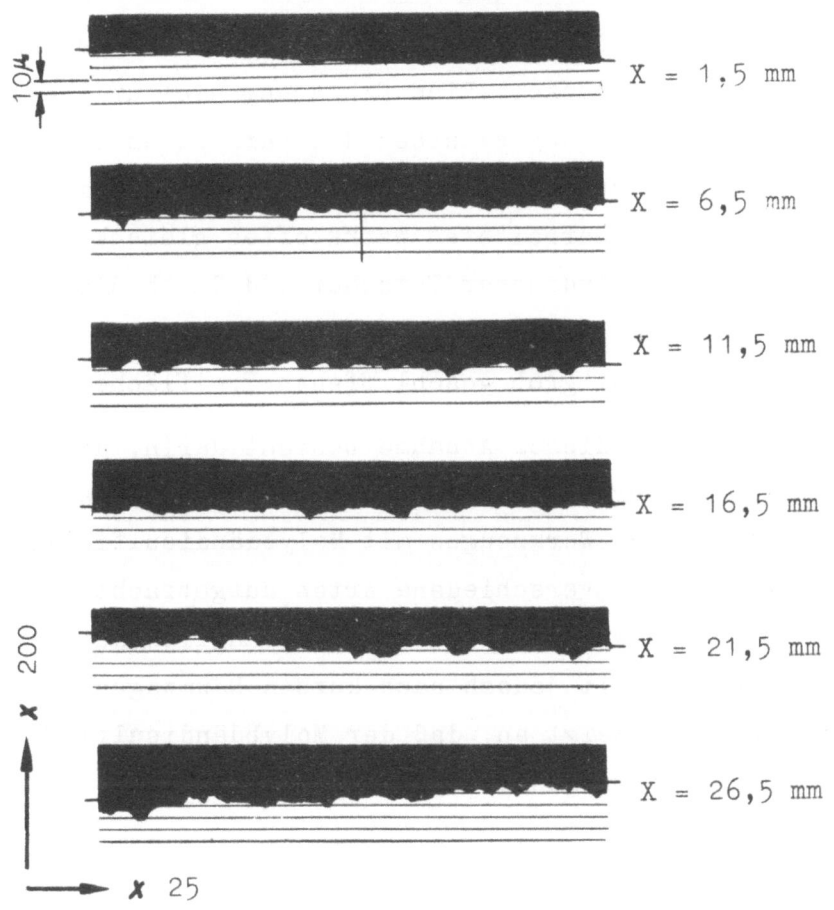

Abbildung 21

Leitz-Forster-Diagramme einer geräumten Oberfläche
bei verschiedenen Koordinaten

Werkstoff: 16 Mn Cr 5; Werkzeug: Schnellarbeitsstahl D Mo 5

Freiwinkel: $\alpha = 2°$; Spanwinkel: $\gamma = 15°$; Zahnteilung: $h = 0,05$ mm

Schnittgeschwindigkeit: $v = 6$ m/min; Räumweg: $s = 112$ m

wird, um dann die Verschleißursachen genauer zu erkennen. Die Lösung dieser Frage ist für die Auswahl der Werkzeugstahlqualität besonders wichtig.

c) Einfluß der Werkzeugbehandlung auf die Oberflächengüte

Zunächst wurde versucht, die Oberflächengüte der geräumten Werkstückfläche durch Feinstschleifen der Freifläche des Werkzeuges zu verbessern. Es treten dabei jedoch erhebliche Schwierigkeiten dadurch auf, da die Schneidkante durch das Feinstschleifen abgerundet wird. Letzteres kann vermieden werden, wenn die Freifläche von Hand mit einem sehr harten Schleifkörper abgezogen wird.

Diese Maßnahme brachte jedoch keine nennenswerten Verbesserungen der Oberflächengüte des Werkstückes. Eine Erklärung hierfür liegt darin, daß die Festigkeit der Bindung zwischen der verklebten Schicht und der Freifläche so groß ist, daß die Scherfestigkeit an der Bindungsstelle der Scherfestigkeit des bearbeiteten Werkstoffes gleichkommt. Dies wird durch Untersuchungen ausländischer Forscher und durch die Feststellung bestätigt, daß die anklebende Schicht wesentlich größer ist als die Rauhigkeiten auf einer selbst grob geschliffenen Freifläche.

Eine weitere Bestätigung dieser Annahme besteht darin, daß sich die Oberfläche auch bei polierter Spankammer nicht verbessert. Darüberhinaus wurde eine Behandlung des Werkzeuges mit Molybdändisulfid eingeschaltet, wobei der MoS_2 - Film auf verschiedene Arten aufgebracht wurde, die alle im Schrifttum empfohlen werden. Nach einer anfänglich guten Oberfläche stellte sich die Rauhigkeit jedoch nach kurzen Räumwegen wieder auf den üblichen Wert ein. Dies zeigt an, daß der Molybdändisulfidfilm bei derartigen Zerspanungsbedingungen rasch abgetragen wird.

Die Versuche über die Werkzeugbehandlung werden zur Zeit mit nitrierten Werkzeugen fortgesetzt.

d) Einfluß der Schneidflüssigkeit auf die Oberflächengüte

Es wurden verschiedene Versuche über die Wirkungen der Schneidflüssigkeiten auf die Oberflächengüte durchgeführt. Diese Versuche erwiesen sich zunächst als notwendig, da bei der Verwendung ungeeigneter Schneidflüssigkeiten sich große Rauhigkeiten ergeben.

Außerdem streuen die Rauhigkeitswerte bei ein und derselben Koordinate x sehr stark, so daß einheitliche Meßergebnisse nicht zu erzielen waren.

Allgemeine Richtlinien für die Auswahl der Schneidöle lassen sich aus den bisherigen Versuchsergebnissen jedoch nicht angeben. Es kann gesagt werden, daß sich gechlorte Öle hinsichtlich der Oberflächengüte am besten verhalten haben, jedenfalls besser als Öle auf Fettbasis mit leichten Zusätzen an aktivem Schwefel.

Nach den bisher vorliegenden Versuchsergebnissen geht das Schneidöl als bedeutende Einflußgröße in die Oberflächengüte ein. Nach den abgeschlossenen Voruntersuchungen wurde ein Schneidöl gewählt, das hinsichtlich seiner Aktivität den Anforderungen beim Räumen im Dauerbetrieb entsprach. Als ein solches Öl wurde ein Öl angesehen, das über den größten Teil der Versuche die Bildung einer instabilen Aufbauschneide über etwa 50 % der Räumlänge verhindert. Diese Definition ist natürlich rein willkürlich, jedoch ist dieser Zustand der Oberflächengüte für viele Betriebsverhältnisse kennzeichnend, wie Untersuchungen von Werkstücken aus der Praxis ergeben haben.

3. Zusammenfassung und Folgerungen aus den Meßergebnissen

Ganz allgemein haben die Räumversuche beim Außenräumen von Stahl 16 MnCr 5 bestätigt, daß die Oberflächenrauhigkeit an jeder Stelle des Werkstückes mit wachsendem Räumweg ansteigt. Über die Räumlänge x wächst die Rauhigkeit meist bis etwa zur Mitte des Werkstückes sanft an. Dann bricht der Schmierfilm zusammen; an seine Stelle tritt trockene Reibung. Diesem Vorgang überlagert sich ein Abbrechen der Schneidenansätze durch den Impuls des Werkzeugaustrittes, so daß die Rauhigkeit sinkt. Man erkennt, daß die Wechselwirkung dieser beiden Möglichkeiten kein eindeutiges Ergebnis zuläßt. Theoretisch könnte jedoch mit einem günstigen Schneidmittel, das über einen längeren Weg beständig bis zur Schneide gelangt, eine gleichmäßigere Oberfläche erzeugt werden.

Die oben festgestellte Tatsache, daß die Schnittgeschwindigkeit unter den vorliegenden Versuchsbedingungen ohne Einfluß auf die Oberflächengüte blieb, darf nicht verallgemeinert werden, da bisher nur wenige Versuche in dieser Hinsicht durchgeführt werden konnten. Aus der Räumpraxis sowie früheren Versuchen sind demgegenüber zahlreiche Fälle über den Zusammenhang zwischen Oberflächengüte und Schnittgeschwindigkeit bekannt.

Nach übereinstimmenden Berichten verschlechtert sich die Oberflächengüte beim Räumen unter sonst gleichen Schnittbedingungen mit wachsender Schnittgeschwindigkeit. Dies steht in scheinbarem Widerspruch zu der weithin bekannten Tatsache, daß sich bei hohen Schnittgeschwindigkeiten die Oberflächengüte im Trockenschnitt verbessert. In diesem Zusammenhang muß jedoch darauf hingewiesen werden, daß mit dieser Verbesserung der Oberflächengüte ein Wechsel in der Spanbildung konform geht, d.h. man gelangt aus dem Gebiet des Scherspanes in das des Fließspanes. Die hierzu erforderlichen Schnittgeschwindigkeiten liegen jedoch oberhalb der Werte, die auf der Versuchsmaschine erzielt werden können.

Die beschriebenen Untersuchungen über den Einfluß der Werkzeuggeometrie auf die Oberflächengüte haben eindeutig ergeben, daß die Veränderungen der Werkzeuggeometrie durch den Werkzeugverschleiß (Kantenabrundung und wahrscheinlich auch der Schneidkantenversatz) bei großen Räumwegen in der Größenordnung der Zahnsteigung liegen können. Dies ist von besonderer Bedeutung für die Festlegung der wirtschaftlichen Standzeit. Die Messung der veränderten Werkzeuggeometrie ist durch die verklebenden Werkstoffschichten äußerst erschwert, und die Entwicklung geeigneter Meßverfahren ist zur Zeit noch nicht abgeschlossen. Die bisher durchgebildeten Meßverfahren gestatten jedoch schon einen tieferen Einblick in die Natur der Verschleißvorgänge, als dies mit den bisher üblichen Verfahren möglich ist. Jedoch ist ein eindeutiger Einfluß von der Verschleißmarkenbreite B oder vom Abrundungsradius ρ allein nicht zu bestimmen. Obwohl der Verschleiß eine geringere absolute Größe als beim Drehen, Fräsen usw. aufweist, ist der Einfluß auf die Werkzeuggeometrie und die Oberflächengüte erheblich.

Die Darstellung der Oberflächenrauhigkeit in Abhängigkeit vom Räumweg zeigt, daß die Oberflächengüte bei einem größeren Freiwinkel und einem geringeren Spanwinkel besser ist. Gleichzeitig erzeugt ein Werkzeug mit Fasenanschliff eine teilweise bessere Oberfläche als eines ohne Fase.

Ob eine Verallgemeinerung dieser Erkenntnisse möglich ist, kann erst nach weiteren umfangreichen Versuchen dieser Art entschieden werden.

Die Versuche über den Einfluß der Werkzeugbehandlung auf die erzielte Oberflächengüte ergaben, daß durch die Feinstbearbeitung des Werkzeuges kein günstiger Einfluß auf die Oberflächengüte ausgeübt wird. Ob das

Nitrieren der Werkzeuge eine bessere Oberfläche zur Folge hat, bleibt abzuwarten.

Der Einfluß der Schneidflüssigkeit hat sich bei den Versuchen als sehr wesentlich erwiesen. Jedoch wurde für die oben angeführten Räumversuche nur ein Schneidöl verwendet. In diesem Zusammenhang ergibt sich die Frage nach der Temperatur im Schneidkeil, um von dort aus auf die Verschleißursache zu schließen und zu entscheiden, ob dem Schneidöl tatsächlich die Kühlfunktion zukommt, die man ihm in der Praxis zuschreibt.

IV. Untersuchungen analoger Drehvorgänge

1. Einleitung

Die im folgenden beschriebenen Versuche hatten das Ziel, eine Verbindung zwischen dem Drehvorgang und dem Räumvorgang herzustellen. Der Drehvorgang ist einer der einfachsten Bearbeitungsverfahren in der spanabhebenden Fertigung und wird daher vielfach für Zerspanungsuntersuchungen verwendet. So sind bereits von vielen Forschungsstellen zahlreiche Untersuchungen ausgeführt worden und im Fachschrifttum niedergelegt.

Trotzdem war es notwendig, einige spezielle Drehversuche durchzuführen, wobei Schneidengeometrie und Schnittbedingungen eines Drehvorganges im Orthogonalschnitt denen des Räumvorganges angeglichen wurden.

Von besonderem Interesse bei diesen Analogieversuchen sind die Schnittkräfte, da sie beim Räumvorgang nur schwierig nach Komponenten getrennt zu erfassen sind. Ferner sind die Oberflächengüten, die im Orthogonalschnitt erreicht werden, nur vereinzelt untersucht worden. Die vorliegenden Untersuchungen sollen darüber hinaus noch einen gewissen Einblick in die Spanbildung bei den hier vorherrschenden Schnittbedingungen geben.

Da sich die meisten Versuchsergebnisse über den Drehvorgang auf den kontinuierlichen Trockenschnitt beziehen, wurde auch bei den Analogieversuchen mit diesem Verfahren begonnen. Anschließend wurden Drehversuche beim unterbrochenen Trockenschnitt durchgeführt.

Forschungsberichte des Wirtschafts- und Verkehrsministeriums Nordrhein-Westfalen

2. Versuchsdurchführung

Bei den Drehversuchen im Orthogonalschnitt wurden für die Schnittkraftmessungen und zur Bestimmung der Oberflächengüte folgende Schnittbedingungen gewählt:

Schnittgeschwindigkeit: v = 6; 9; 13,5; 20 und 30 m/min
Spandicken: h = 0,0125 bis 0,125 mm in geometrischen Stufen.

Bei den Versuchen für die Oberflächenmessung wurde darüber hinaus bis zu einem Vorschub von s = 0,5 mm gearbeitet, um die Tendenzen hinsichtlich der Spanbildung besser feststellen zu können.

a) Versuchswerkstoff

Als Versuchswerkstoff wurde ein Baustahl Ck 45 mit folgender Analyse verwendet:

C 0,48; Si 0,22; Mn 0,62; P 0,031; S 0,028; Cr 0,1 %.

Die Abbildung 22 zeigt das Gefüge des Versuchswerkstoffes im normalisierten Zustand.

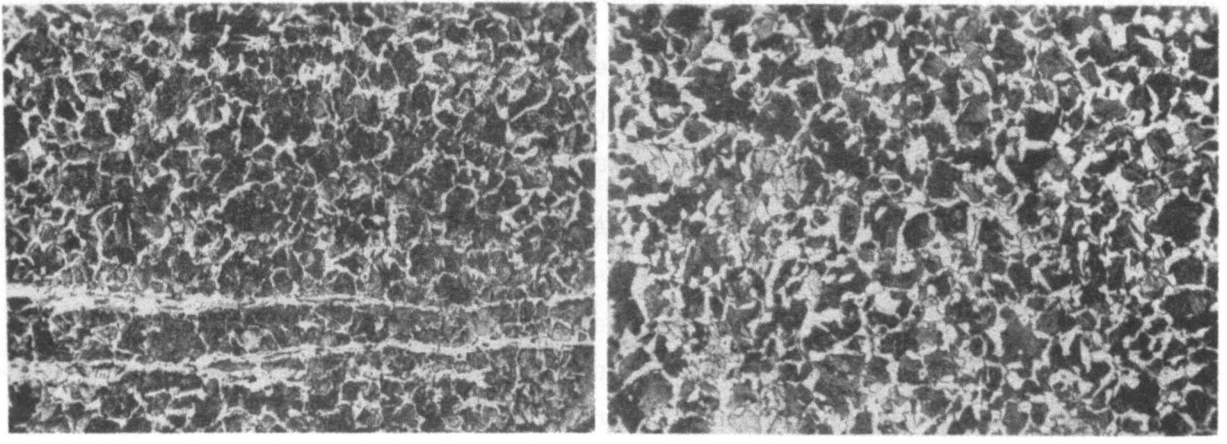

a) längs zur Walzrichtung x 100   b) quer zur Walzrichtung

A b b i l d u n g   22

Gefüge des Versuchswerkstoffes Ck 45 (normalisiert 15 min 850°/Luft)

b) Versuchswerkzeug

Als Versuchswerkzeug wurde ein 15 mm breiter Einstechdrehmeißel aus Schnellarbeitsstahl der Klasse DMo 5 eingesetzt. Die Werkzeugwinkel waren folgende:

Freiwinkel: $\alpha = 2°$ und $8°$
Spanwinkel: $\gamma = 15°$
Neigungswinkel: $\lambda = 0°$
Schneidkantenradius: $\varrho = 5\mu$, 32μ und 45μ.

Die Schneidkantenradien wurden während der Versuche nachgeprüft. Es wurde festgestellt, daß sie sich bei den genannten Schnittbedingungen nicht meßbar ändern.

c) Versuchsmaschine

Als Versuchsmaschine diente eine Leit- und Zugspindeldrehbank Type S 500 (VDF-Heydenreich & Harbeck), Antriebsleistung: N = 14 KW. Die Maschine wird zur Überbrückung der Getriebestufen mit einem im Bereich 1:3 regelbaren Gleichstrom-Nebenschlußmotor angetrieben. Der Antrieb der Arbeitsspindel erfolgte bei allen Versuchen direkt über einen endlosen Flachriemen.

d) Meßgrößen und Meßverfahren

Für die Schnittkraftmessungen wurde ein Dreikomponenten-Schnittkraftmesser, System Opitz, verwendet. Hierbei werden alle drei Kraftkomponenten - Hauptschnittkraft P_1, Rückkraft P_2, Vorschubkraft P_3 - von Membranen als Verformungskörper aufgenommen, deren Durchbiegung mit induktiven Meßelementen gemessen werden. Der Träger des Meißels, die Meißelwiege, ist so auf diesen Membranen abgestützt, daß keine gegenseitige Beeinflussung der Komponenten möglich ist. Neben der relativ hohen statischen Starrheit verhindert eine wirksame Öldämpfung das Auftreten von Rattererscheinungen. Die induktiven Meßelemente ermöglichen trotz des geringen Meßweges von 0,1 mm die Verwendung von sehr einfachen röhrenlosen Verstärkern. Die Anzeige der Meßwerte geschieht durch große, leicht ablesbare Zeigerinstrumente.

Unter den hierbei angesetzten Bedingungen des Orthogonalschnittes muß die Vorschubkraft gleich Null werden. Die dritte Komponente diente also zur Kontrolle, ob die Bedingungen des Orthogonalschnittes erfüllt waren. Abbildung 23 zeigt die Schnittkraftkomponenten beim Drehen im Orthogonalschnitt - die Hauptschnittkraft P_1 und die Abdrängkraft P_4. Die Rückkraft P_2 wirkt senkrecht auf die Schneide in Schaftrichtung und ist daher für den Orthogonalschnitt identisch mit der Abdrängkraft P_4.

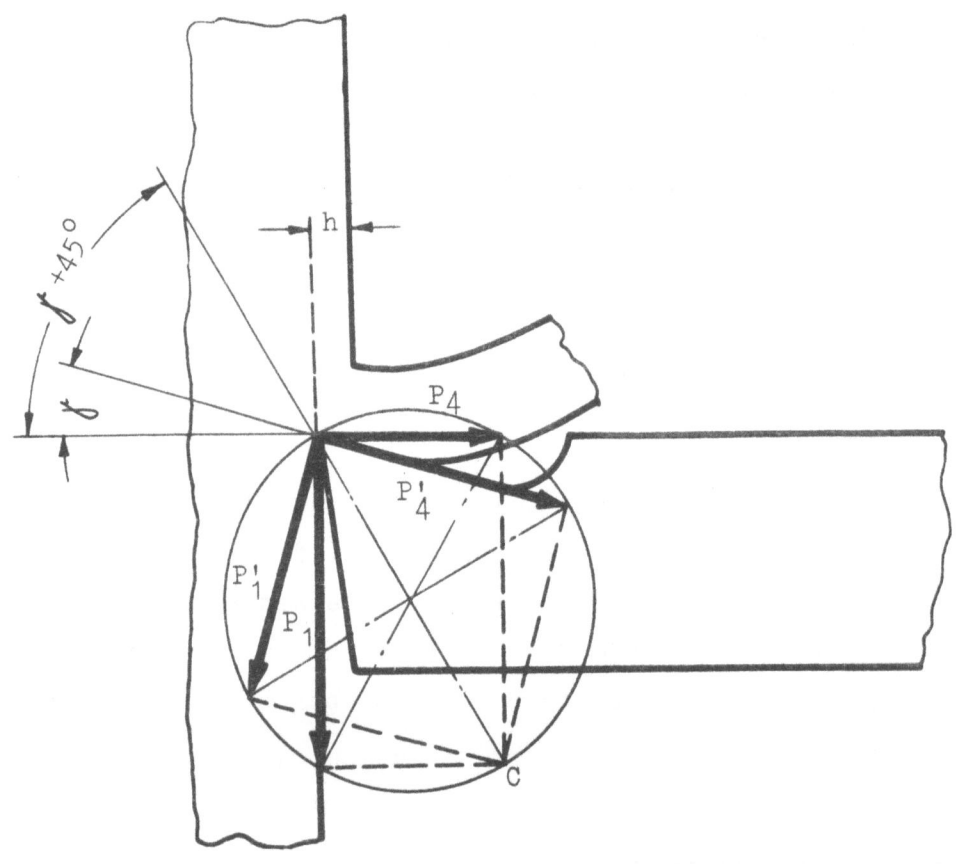

Abbildung 23
Schnittkräfte beim Drehen im Orthogonalschnitt

Nach jeder Messung wurden anhaftende Verklebungen auf der Schneide durch einen Schlag mit einem Weichaluminiumdorn gegen die Schneide entfernt. Die Versuche bei niedrigen Schnittgeschwindigkeiten erstrecken sich nur über äußerst kurze Zeiten. Dabei änderte sich die Werkzeuggeometrie durch den eintretenden Verschleiß in nur sehr kleinen Grenzen.

Die Oberflächenrauhigkeit wurde auch bei diesen Versuchen mit dem Leitz-Forster-Oberflächentastgerät ermittelt.

3. Versuchsergebnisse

a) Schnittkraftmessungen beim Drehen - Analogieversuche zum Räumen

Hauptschnittkraft P_1 und Abdrängkraft P_4 wurden in Abhängigkeit von Schnittgeschwindigkeit und Vorschub bzw. Spandicke ermittelt. Auf den Abbildungen 24 und 25 sind die Schnittkraftkomponenten für Werkzeuge mit einem Freiwinkel von $\alpha = 2°$ und $8°$, einem Spanwinkel von $\gamma = 15°$ und

Forschungsberichte des Wirtschafts- und Verkehrsministeriums Nordrhein-Westfalen

einem Schneidenradius von 5 μ über der Spandicke aufgetragen, wobei die Schnittgeschwindigkeit als Parameter eingeht.

Aus den beiden nachfolgenden Darstellungen ist zu ersehen, daß für diesen Schnittgeschwindigkeits- und Vorschubbereich kaum eine Abhängigkeit der Schnittkräfte von der Schnittgeschwindigkeit vorliegt, weshalb durch die einzelnen Meßpunkte eine ausgleichende Gerade gezogen wurde. Dies dürfte zum Teil dadurch erklärbar sein, daß die Spanbildung im untersuchten Bereich ebenfalls nicht beeinflußt wurde. Bei sehr kleinen Vorschüben ist der Streubereich über die Schnittgeschwindigkeit etwas größer (Abb. 25). Ein Vergleich der Schnittkräfte bei verschiedenen Freiwinkeln zeigt praktisch keinen Unterschied [vergl.hierzu Lit.St. 14].

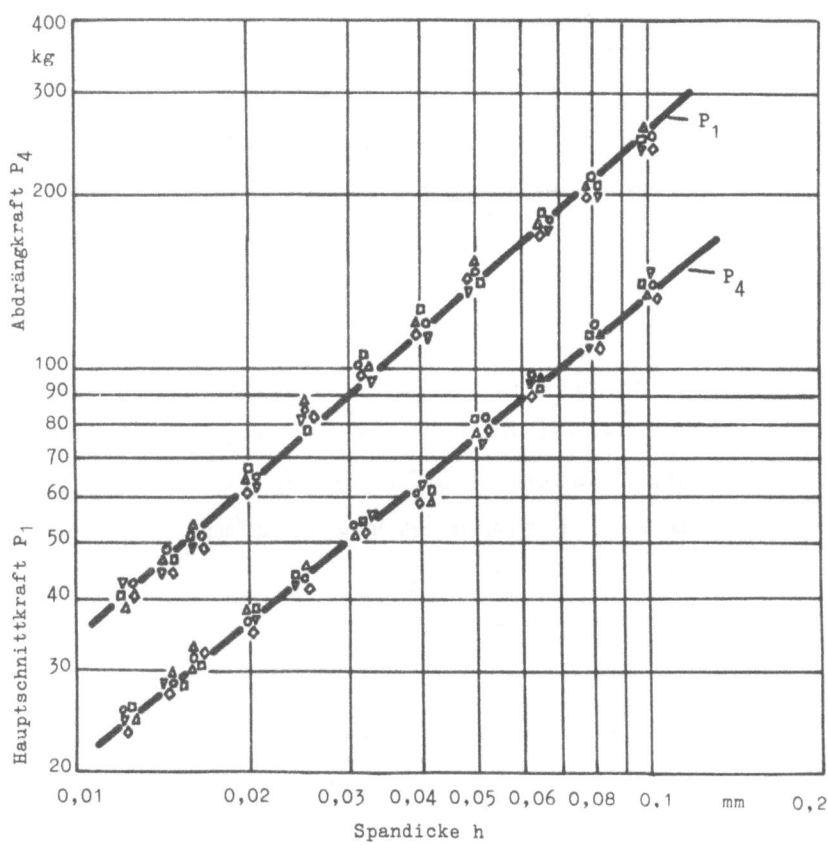

A b b i l d u n g   24

Hauptschnittkraft und Abdrängkraft in Abhängigkeit von Spandicke
und Schnittgeschwindigkeit beim Orthogonalschnitt

Werkstoff: Ck 45 N, Werkzeug: SS-DMo 5, $\alpha = 2°$, $\gamma = 15°$, $\varrho = 5\mu$

o v = 6 m/min $\diamond$ v = 20 m/min

□ v = 9   " $\triangledown$ v = 30   "

$\triangle$ v = 13,5   "

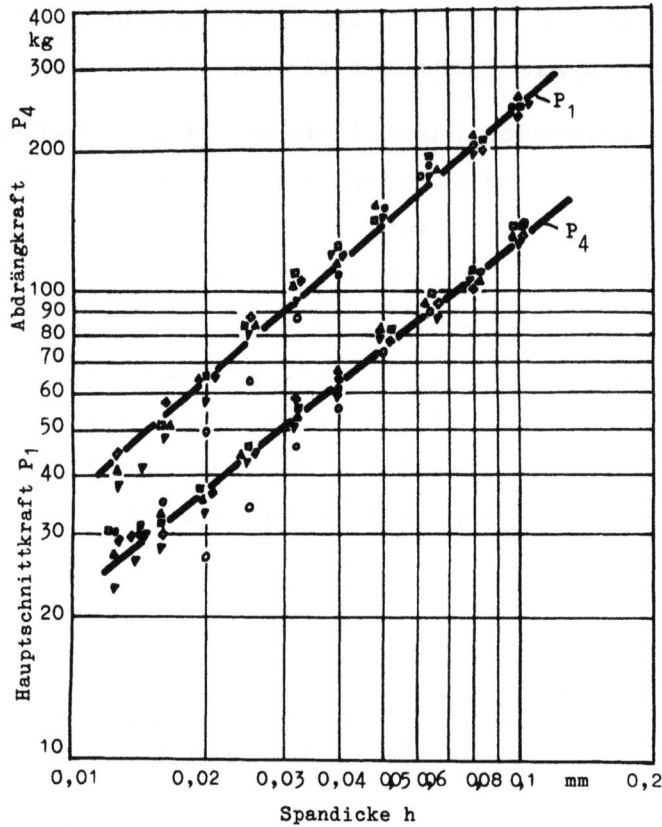

Abbildung 25

Hauptschnittkraft und Abdrängkraft in Abhängigkeit von Spandicke
und Schnittgeschwindigkeit beim Orthogonalschnitt

Werkstoff: Ck 45 N, Werkzeug: SS-DMo 5, $\alpha = 8°$, $\gamma = 15°$, $\varrho = 5\mu$

○ v = 6 m/min ◇ v = 20 m/min
□ v = 9   "   ▽ v = 30   "
△ v = 13,5 m/min

Nach Abbildung 7 wird als vorwiegende Verschleißform die Schneidkantenabrundung bei längerem Arbeiten der Werkzeuge anzutreffen sein. Wenn man berücksichtigt, daß bei Schnellarbeitsstahl die Bereiche der Grenzkurven nach Abbildung 7 verschoben sein können, so kann ebenfalls ein Spanflächenverschleiß auftreten. Da Kolkverschleiß bisher noch an keinem Räumwerkzeug beobachtet werden konnte, ist diese Annahme gerechtfertigt. Andererseits geht aus Abbildung 7 hervor, daß sich die Verschleißform mit dem Vorschub ändern muß. Da Langzeitversuche einen großen Aufwand bedeutet hätten, wurden die in den beiden ersten Versuchsreihen benutzten

Werkzeuge mit einem Abziehstein abgestumpft, um die Änderung der Schnittkräfte mit wachsendem Verschleiß zu bestimmen.

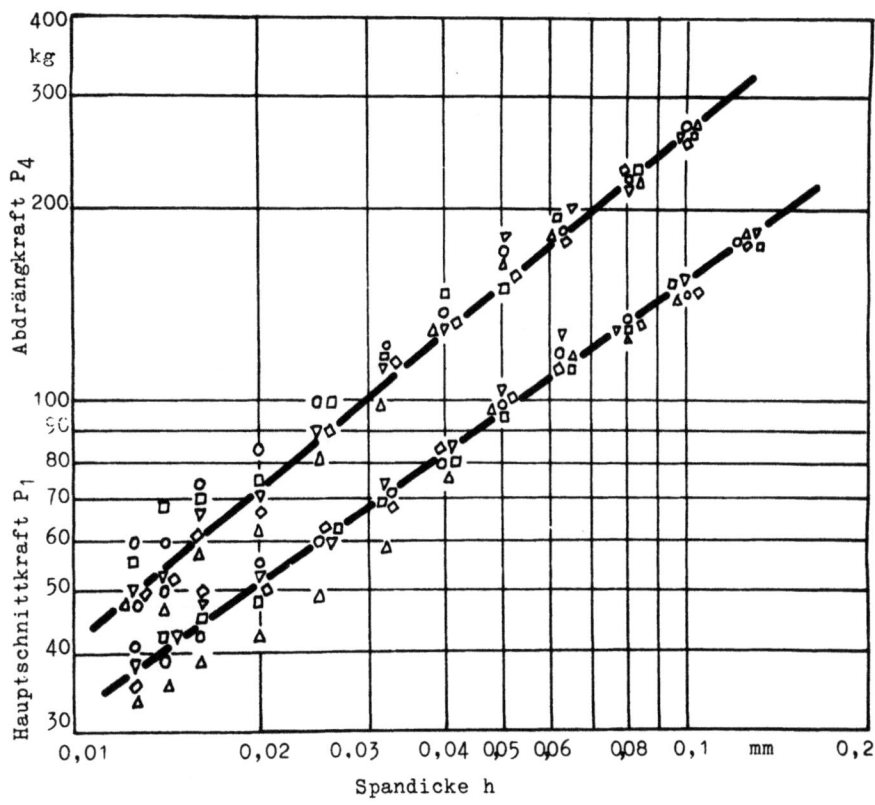

Abbildung 26

Hauptschnittkraft und Abdrängkraft in Abhängigkeit von Spandicke und Schnittgeschwindigkeit beim Orthogonalschnitt

Werkstoff: Ck 45 N, Werkzeug: SS-DMo 5, $\alpha = 2°$, $\gamma = 15°$, $\varrho = 32\mu$

o v = 6 m/min,   ◊ v = 20 m/min

□ v = 9   "   ▽ v = 30   "

△ v = 13,5 m/min

Dabei wurde für das Werkzeug mit einem Freiwinkel von $\alpha = 2°$ ein Schneidenabrundungsradius von $\varrho = 32\mu$ und bei $\alpha = 8°$ einer von $\varrho = 45\mu$ gemessen. Während der anschließend durchgeführten Schnittkraftversuche blieben die Abrundungsradien konstant.

Die Abbildungen 26 und 27 geben die Versuchsergebnisse dieser Schnittkraftmessungen wieder. Auch hierbei ergibt sich die gleiche Tendenz des Schnittkraftverlaufes. Die Steigungen der ausgleichenden Geraden in den Abbildungen 24 bis 27 (doppelt-logarithmisches System) sind in Tabelle 6 zusammengestellt. Sie entsprechen gleichzeitig dem Exponenten $(1 - z)$ in der Schnittkraftformel nach Kienzle:

$$P/b = k_{s1 \cdot 1} \cdot h^{1-z}$$

Dabei bedeuten:

    b = Spanbreite

    h = Spandicke

    $k_{s1 \cdot 1}$ = Schnittkraft bei 1 mm Spanbreite und 1 mm Spandicke.

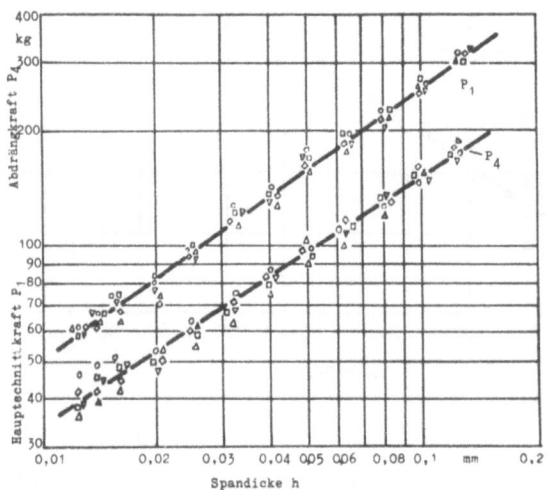

A b b i l d u n g   27

Hauptschnittkraft und Abdrängkraft in Abhängigkeit von Spandicke und Schnittgeschwindigkeit beim Orthogonalschnitt

Werkstoff: Ck 45 N, Werkzeug: SS-DMo 5, $\alpha = 8°$, $\gamma = 15°$, $\varrho = 45 \mu$

○ v = 6 m/min,   ◊ v = 20 m/min

□ v = 9   "   ▽ v = 30   "

△ v = 13,5 m/min

Dabei bedeuten:

Tabelle 6

Exponenten und Schnittkraftbeiwerte der Schnittkraftformeln für den Orthogonalschnitt

Versuchsreihe nach Abbildg.	Frei-winkel	Span-winkel	Radius ϱ	$k_{s1.1}$ kg/mm^2	1 - z
24	2°	15°	5	175	0,84
25	8°	15°	5	195	0,87
26	2°	15°	32	173	0,71
27	8°	15°	45	170	0,80

Den größten Einfluß auf die Schnittkräfte hat die Schneidkantenabrundung. Wie Tabelle 6 veranschaulicht, wirkt sich die Vergrößerung des Schneidkantenradius in einer Verkleinerung der Exponenten (1 - z) aus, während die Konstante $k_{s1.1}$ (die wegen der Extrapolation auf h = 1 mm mit einer gewissen Unsicherheit behaftet sind), relativ wenig beeinflußt wird. Dies bestätigt erneut, daß die größten Unterschiede bzw. Erhöhungen der Schnittkraft durch Abstumpfung des Werkzeuges bei kleinen Spandicken auftritt, was mit den Erfahrungen der Räumpraxis übereinstimmt und z.B. dazu geführt hat, daß man die Standzeit eines Räumwerkzeuges als beendet ansieht, wenn die Schnittkraft um 30 % - verglichen mit dem Schnittkraftwert des frisch geschliffenen Werkzeuges - angestiegen ist.

Die Abbildungen 24 bis 27 lassen erkennen, daß im Bereich kleiner Spandicken unter 0,05 mm eine Vergrößerung der Schneidkantenabrundung von 5 μ auf 32 bzw. 45 μ einen ähnlichen Schnittkraftanstieg verursacht. Für eine Spandicke von 0,02 mm steigt die Schnittkraft von 63 kg auf maximal 82 kg, d.h. um rund 30 % bei einer Schneidkantenabrundung von 45 μ an. Damit gewinnen diese Versuche eine unmittelbare praktische Bedeutung für den Räumvorgang. Sie zeigen, daß durch die Messung der Schnittkraft beim Räumvorgang Rückschlüsse auf den Verschleißzustand des Werkzeuges möglich werden. Dieser Schnittkraftanstieg kann somit als weiteres Standzeitkriterium angesehen werden. Weitere Untersuchungen auf diesem Gebiet erscheinen daher angebracht.

Das Verhältnis der Schnittkräfte P_4/P_1 wurde ebenfalls ermittelt. Es nimmt mit größerer Spandicke ab und liegt bei größerer Schneidkantenabrundung höher als die entsprechenden Werte für das scharfe Werkzeug. Für einen Spanwinkel von $0°$, d.h. für den Fall, daß die Schnittkraftkomponenten P_1 und P_4 normal und tangential zur Spanfläche liegen, nimmt man an, daß dieses Verhältnis einen Reibungskoeffizienten darstellt, was jedoch nur möglich ist, wenn an der Freifläche keine Kräfte wirken.

Bei einem Spanwinkel $\gamma = 0°$ kann man unter der obengenannten Annahme den Reibungskoeffizienten μ durch eine einfache Koordinatentransformation nach ERNST und MERCHANT [6] bestimmen:

$$\mu = \frac{tg\,\gamma + \dfrac{P_4}{P_1}}{1 - \dfrac{P_4}{P_1} \cdot tg\,\gamma}$$

Der mittlere Reibwert μ ist somit eine Funktion des Schnittkraftverhältnisses und des Tangens des Spanwinkels. Er wird aus den Schnittkraftmessungen und der Werkzeuggeometrie leicht bestimmt, bietet jedoch keinerlei Möglichkeiten zu einem Einblick in die Vorgänge der Spanbildung.

Aus diesen und anderen Schnittkraftmessungen an üblichen Baustählen hat sich gezeigt, daß der Koeffizient der mittleren Reibung stets nahe beim Wert 1 liegt und bei den Schnittbedingungen des Räumens nicht wesentlich von diesem Wert abweicht.

Hierdurch läßt sich für den Räumvorgang rein empirisch die Abdrängkraft abschätzen, wenn die Hauptschnittkraft gemessen wird.

Bei der Messung der Hauptschnittkraft durch Manometerablesung, wie dies in der Praxis häufig geschieht, ist ein "Sicherheitszuschlag" infolge der Schlittenreibung im Meßwert enthalten, der leicht zu einer Überschätzung der Schnittkräfte führt. Außerdem ist diese Messung durch Manometer mit Drossel sehr unsicher.

Es muß an dieser Stelle noch darauf hingewiesen werden, daß diese Ermittlung der Abdrängkraft nur für einen freien Spanablauf gelten kann und daß z.B. für Nutenprofile noch weitere Messungen durchgeführt werden müssen, um empirische Formeln angeben zu können.

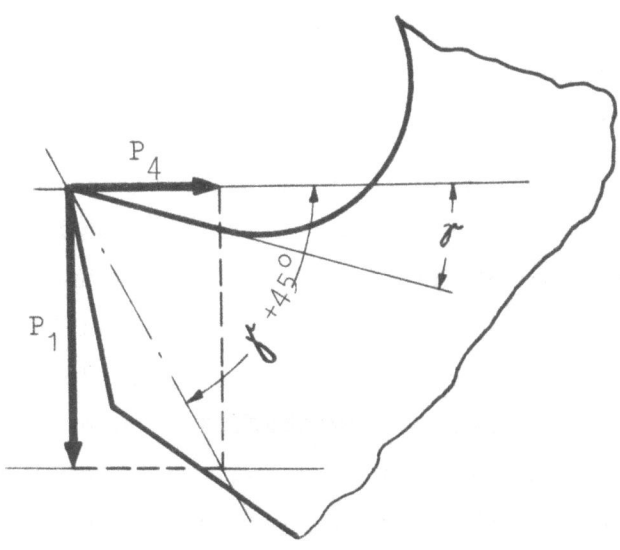

Abbildung 28
Hauptschnitt- und Abdrängkraft am Räumzahn

b) Oberflächengüte beim kontinuierlichen Orthogonalschnitt

Bei den Schnittkraftmessungen zeigte sich, daß sich die Oberflächengüte mit zunehmender Spandicke verschlechtert. Daher wurde die Oberflächengüte im kontinuierlichen und unterbrochenen Orthogonalschnitt im Drehvorgang untersucht, um den Einfluß von Spandicke und Schnittgeschwindigkeit quantitiv zu erfassen.

Andererseits wurde die Oberflächengestalt noch dadurch näher beschrieben, daß bei einer Schuppenbildung die sogenannte "Stick-Slip-Periode" bestimmt wurde. Auf diese Weise wurde es möglich, die Bildung der instabilen Aufbauschneide und die Ausbildung der Oberflächenrauhigkeit zu charakterisieren.

Die Aufbauschneide bildet sich an der Schneidkante des Drehmeißels oder des Räumwerkzeuges. Auf der Spanfläche befinden sich beim unterbrochenen Schnitt bei Anwendung von Schneidölen Schichten von Oxyden, Sulfiden, Chloriden usw. Beim Ablaufen des Spanes über die Spanfläche, dessen Unterseite durch die Trennung vom Werkstück metallisch rein ist, werden diese Schichten sehr schnell und leicht abgetragen, so daß jetzt auch die Spanfläche innerhalb der Kontaktzone metallisch rein wird. Beim Räumvorgang sind diese Schichten etwa nach der Hälfte des Hubweges abgetragen. Durch die Berührung der beiden reinen Flächen entsteht eine

Verschweißung, d.h. Teilchen des Spanes werden auf die Spanfläche aufgeschweißt. Nach Untersuchungen von BOWDEN - TABOR [4] geschieht diese Verschweißung ohne Druck.

Durch diesen Vorgang kann sowohl eine stabile als auch eine instabile Aufbauschneide entstehen. Die Bildung einer Aufbauschneide ist stark abhängig von der Schnittgeschwindigkeit. Oberhalb einer bestimmten kritischen Schnittgeschwindigkeit vermindert sich die Aufbauschneidenbildung stark. Die Aufbauschneide wird größer, je kleiner der Spanwinkel und je größer die Spandicke ist. Bei geringen Spandicken entsteht eine stabile Aufbauschneide, d.h. sie bildet sich einmal und bleibt während des ganzen Schnittes bis auf geringfügige Änderungen bestehen. Allerdings bildet sie sich über die Breite des Spanes ungleichmäßig aus. Bei größeren Spandicken entsteht eine instabile Aufbauschneide. Dabei wächst die Verklebung, wenn auch ungleichmäßig, bis zu einer gewissen Größe an und bricht dann, durch die Verfestigung sehr spröde geworden, plötzlich ab, wobei der eine Teil von der Spanunterseite weggerissen, der andere in die Oberfläche eingedrückt wird (Schuppenbildung).

Jede Abwanderung der instabilen Aufbauschneide hat also eine Schuppenbildung auf der Oberfläche des Werkstückes zur Folge. Aus dem Abstand der Schuppen, den man entweder direkt am Werkstück oder aus vergrößerten Fotografien ermittelt, kann man die Aufeinanderfolge (Frequenz) der Aufbauschneidenbildung bestimmen. Die Zeit oder der Abstand zwischen dem Abwandern zweier aufeinanderfolgender Aufbauschneiden sei als die "Stick-Slip-Periode" bezeichnet. Bei der Reibung fester Körper kann bei größerer spezifischer Flächenbelastung stets ein sogenannter "Stick-Slip-Effekt" beobachtet werden, der nur durch das Vorhandensein zweier verschiedener Reibungskoeffizienten erklärt werden kann. Bei der instabilen Aufbauschneide liegen prinzipielle ähnliche Verhältnisse vor: beim Wachsen der Aufbauschneide ist der Reibungskoeffizient größer, beim Abtragen kleiner.

In Abbildung 30 sind die Versuchsergebnisse der Oberflächenmessungen beim kontinuierlichen Schnitt dargestellt; dazu zeigt Abbildung 29 das Werkstück für den kontinuierlichen Orthogonalschnitt.

Im doppelt - logarithmischen System ist die Werkstückrauhigkeit über der Spandicke aufgetragen, wobei die Oberflächenrauhigkeit des Werkstückes mit zunehmender Spandicke ansteigt.

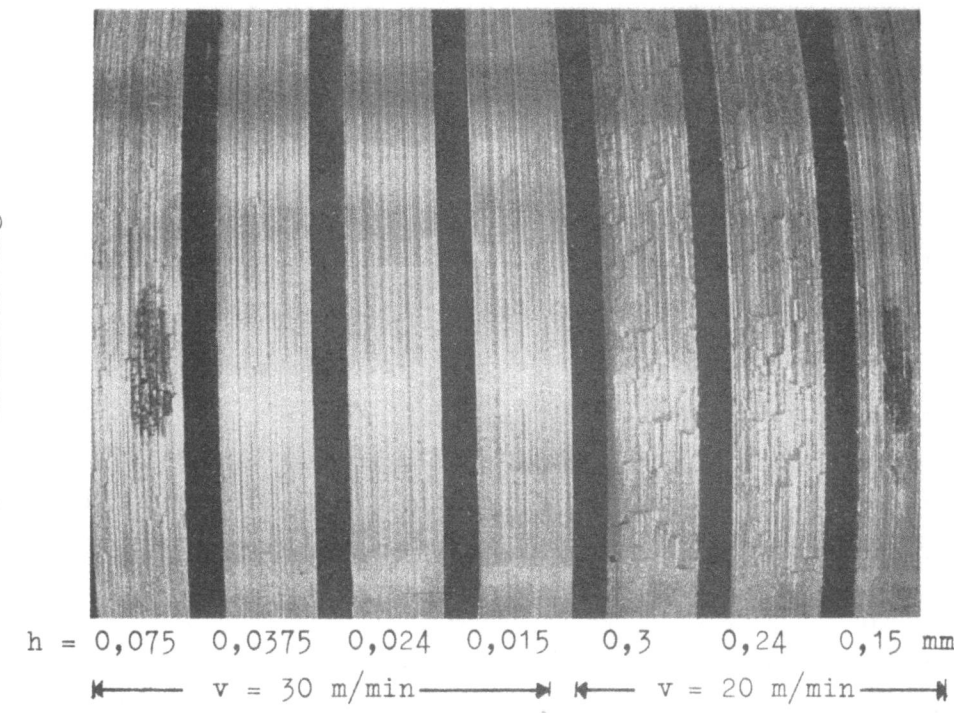

h = 0,075   0,0375   0,024   0,015   0,3   0,24   0,15 mm

|◄——— v = 30 m/min ———►|◄——— v = 20 m/min ———►|

Abbildung 29

Werkstück beim kontinuierlichen Orthogonalschnitt

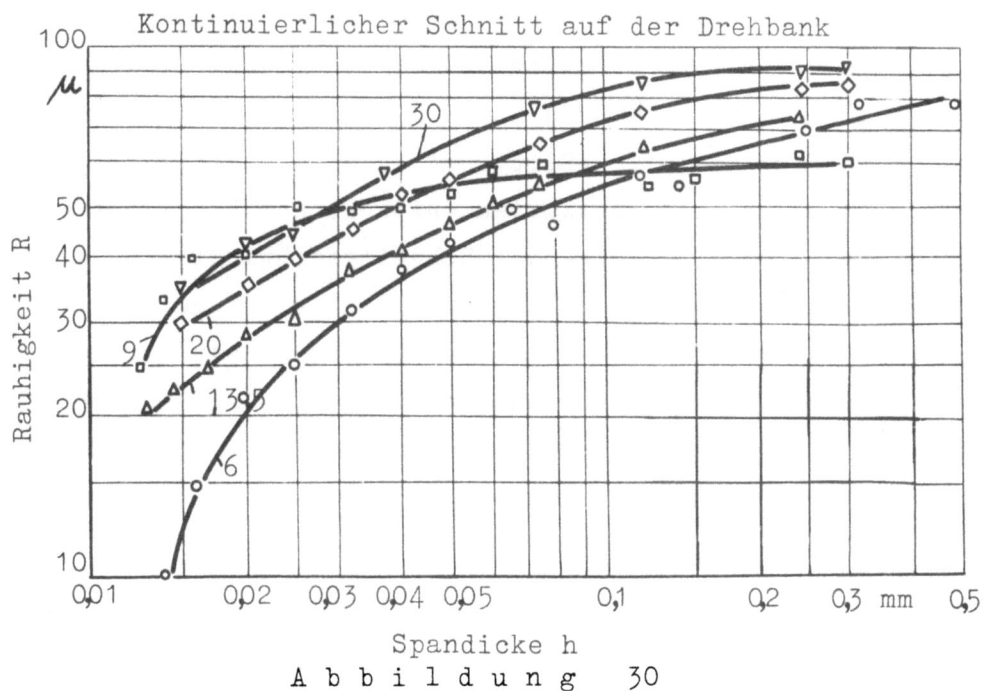

Abbildung 30

Oberflächenrauhigkeit in Abhängigkeit von Spandicke und Schnittgeschwindigkeit beim kontinuierlichen Orthogonalschnitt

o v = 6 m/min,   ◇ v = 20 m/min

□ v = 9 m/min,   ▽ v = 30 m/min

△ v = 13,5 m/min

Zunächst ist zu Abbildung 30 zu bemerken, daß sich im Trockenschnitt auf der Drehbank wesentlich höhere Rauhigkeiten ergeben als beim Räumen, d.h. die Rauhigkeit, die beim Drehen im Trockenschnitt mit einem frisch geschliffenen Werkzeug entsteht, ist etwa so groß, wie sie sich beim stumpfen Räumwerkzeug beim Räumvorgang ergibt. Bemerkenswert ist ferner ein leichter Anstieg der Rauhigkeit mit der Schnittgeschwindigkeit. Dieser Anstieg erfolgt nach den Messungen nicht kontinuierlich. So ist für die beim Räumvorgang verwendeten Spandicken von h = 0,02 und 0,05 mm der Verlauf der Rauhigkeit als Funktion der Schnittgeschwindigkeit aufgetragen (Abb. 31). Zu beachten ist der Anstieg der Rauhigkeit bei der Schnittgeschwindigkeit von v = 9 m/min auf 38 bzw. 54 μ, der darauf sich anschließende Abfall bei 13,5 m/min und der erneute Anstieg bei Schnittgeschwindigkeiten von 20 und 30 m/min.

Aufschlußreich war ebenfalls die Untersuchung der Stick-Slip-Periode im Bereich von v = 9 bis 30 m/min. Es ergab sich, daß die Stick-Slip-Periode nur wenig von der Spandicke beeinflußt wird, stärker dagegen von der Schnittgeschwindigkeit. Nach Abbildung 32 beträgt die Periode bei einer Schnittgeschwindigkeit von 9 m/min etwa 0,7 mm im Bereich einer Spandicke von 0,15 bis 0,3 mm. Dies entspricht einer Bildungsfrequenz der instabilen Aufbauschneide von etwa 215 Hz. Bei einer Schnittgeschwindigkeit von 30 m/min beträgt die Stick-Slip-Periode etwa 4 mm, die hierzu gehörende Bildungsfrequenz der instabilen Aufbauschneide beträgt etwa 125 Hz. Man erkennt, daß sich mit steigender Schnittgeschwindigkeit die Frequenz der instabilen Aufbauschneide vermindert. Geht sie gegen Null, so ist die Fließspanbildung vorhanden. Die Bestätigung dieser Versuchsergebnisse muß jedoch durch weitere Untersuchungen noch belegt werden.

c) Oberflächengüte beim unterbrochenen Orthogonalschnitt

Für die Untersuchung der Oberflächengüte beim unterbrochenen Orthogonalschnitt wurden am Umfang des Werkstückes vier Nuten mit einer Breite von 4 mm eingefräst (Abb. 33). Die Schnittunterbrechung sollte so gering wie möglich gewählt werden, da nach Untersuchungen von ERNST und MERCHANT die Verschlechterung der Oberflächengüte mit wachsender Koordinate x nach Abbildung 11 der Tatsache zugeschrieben wird, daß die Oberfläche des Werkzeuges mit anhaftenden Schichten von Oxyden, Sulfiden, Chloriden, Metallseifen oder ähnlichen Substanzen belegt ist, die durch den über die

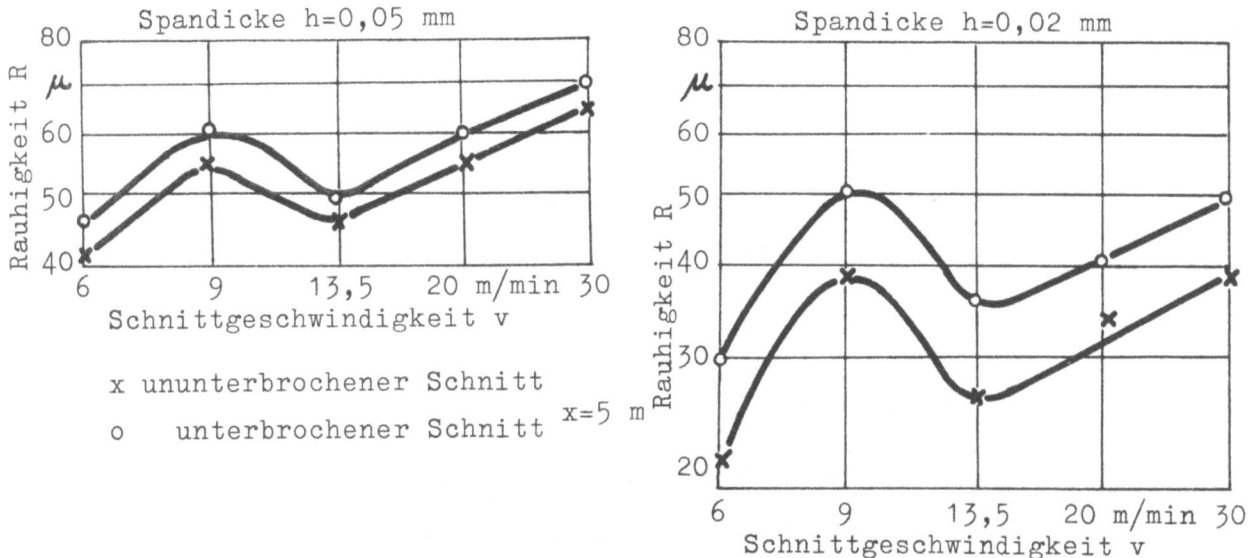

Abbildung 31

Oberflächenrauhigkeit in Abhängigkeit von der Schnittgeschwindigkeit beim kontinuierlichen und unterbrochenen Orthogonalschnitt für die Spandicken: h = 0,02 und 0,05 mm

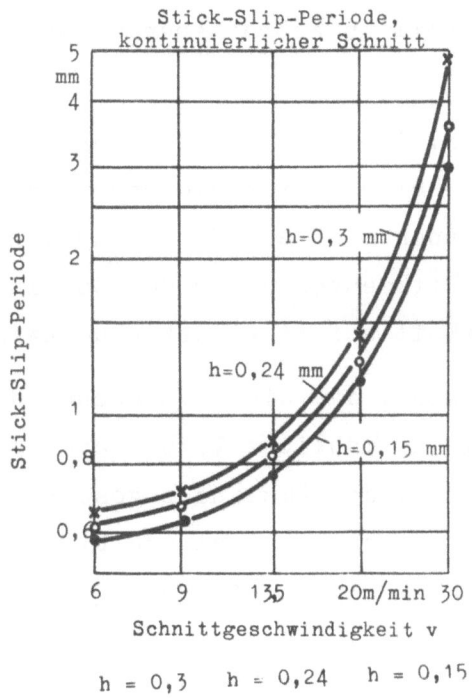

Abbildung 32

Stick-Slip-Periode beim kontinuierlichen Orthogonalschnitt in Abhängigkeit von der Schnittgeschwindigkeit bei verschiedenen Spandicken

Spanfläche abgleitenden Span (Spanunterseite) und durch die an der Freifläche vorbeigleitende frisch bearbeitete Werkstückfläche sehr schnell

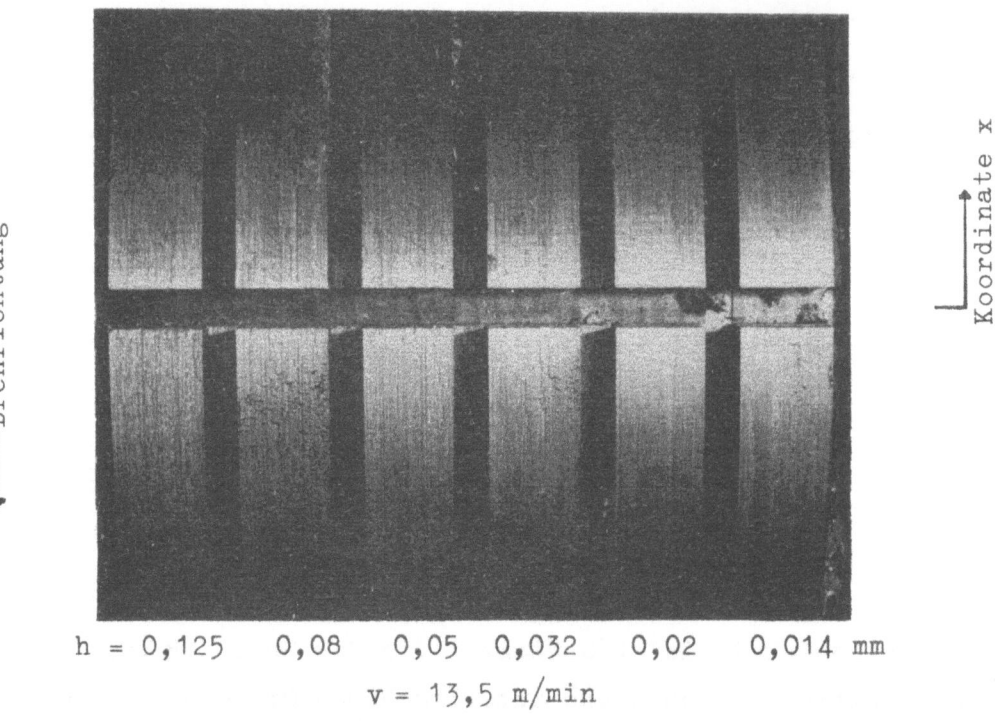

Abbildung 33
Werkstück beim unterbrochenen Orthogonalschnitt

wieder abgetragen werden. Ist der Schnitt beendet, d.h. tritt die Werkzeugschneide aus dem Werkstück unter gleichzeitiger Trennung des Spanes vom Werkzeug aus, so können sich auf den durch den Schnitt metallisch reinen Oberflächen des Werkzeuges durch den Zutritt des Luftsauerstoffes bzw. der Schneidflüssigkeit sofort wieder neue Zwischenschichten bilden.

Andererseits ist es denkbar, daß die Aufbauschneide beim Ende des Schnittes abbricht und daß die allmähliche Verschlechterung der Oberflächengüte mit wachsender Koordinate x dem Umstand zugeschrieben werden kann, daß sich die Aufbauschneide zunächst einmal neu bilden bzw. dabei eine Größe erreichen muß, die ein erneutes Auftreten der Instabilitäten bewirkt. Bei kleiner Schnittunterbrechung muß es möglich sein, diese Frage wenigstens qualitativ zu klären. Das Werkzeug befindet sich in diesem Fall nur eine sehr kurze Zeit unter dem Einfluß des Luftsauerstoffes. Demzufolge müßte sich die Oberfläche sehr rasch verschlechtern, wenn die Vorstellung von ERNST und MERSCHANT qualitativ richtig ist. Die Dauer der Schnittunterbrechung, abhängig von der Schnittgeschwindigkeit, gibt Tabelle 7 wieder.

Die Versuche haben gezeigt, daß die entstehende Oberfläche kaum von der Schnittunterbrechung beeinflußt wird (vergl. Abb. 33).

Tabelle 7

Schnittunterbrechung beim unterbrochenen Orthogonalschnitt in Abhängigkeit von der Schnittgeschwindigkeit

Schnittgeschwindigkeit in m/min	Schnittunterbrechung in Millisek.
6	40,0
9	26,7
13,5	17,7
20,0	10,9
30,0	8,0

Dieselbe Oberflächentextur (Schuppenbildung) war kurz vor und nach der Schnittunterbrechung ausgebildet. An der Vorderkante eines Segmentes bildet sich allerdings über eine kurze Strecke (in der Größenordnung von einigen Zehnteln Millimetern) eine bessere Oberfläche ohne Schuppen aus. Hierdurch wird die Ansicht von ERNST und MERCHANT bestätigt.

Die Rauhigkeit an der Vorderkante eines Segmentes unmittelbar nach der Schnittunterbrechung ist als Funktion von Spandicke und Schnittgeschwindigkeit für die Koordinaten $x = 0,5$ und 5 mm nach Schnittunterbrechung auf den Abbildungen 34a und b dargestellt. Für $x = 0,5$ mm ergibt sich eine ähnliche Tendenz wie für den kontinuierlichen Schnitt, jedoch liegen die Rauhigkeitswerte etwas höher. In Abbildung 34 ist für $x = 5$ mm eine Verminderung der Rauhigkeiten bei größeren Spandicken und Schnittgeschwindigkeiten von 20 und 30 m/min zu ersehen. Eine Erklärung hierfür kann nach den bisher vorliegenden Versuchsergebnissen nicht gegeben werden.

Die Abhängigkeit der Oberflächenrauhigkeit von der Schnittgeschwindigkeit ist in Abbildung 31 gleichzeitig als Vergleich zum kontinuierlichen Schnitt dargestellt. Auch hier ergibt sich wiederum für die Schnittgeschwindigkeit $v = 9$ m/min eine verhältnismäßig große Rauhigkeit. Beim unterbrochenen Schnitt liegt die Oberflächenrauhigkeit in beiden Fällen ($h = 0,02$ und $0,05$ mm) für die Koordinate $x = 5$ mm höher als beim kontinuierlichen Schnitt.

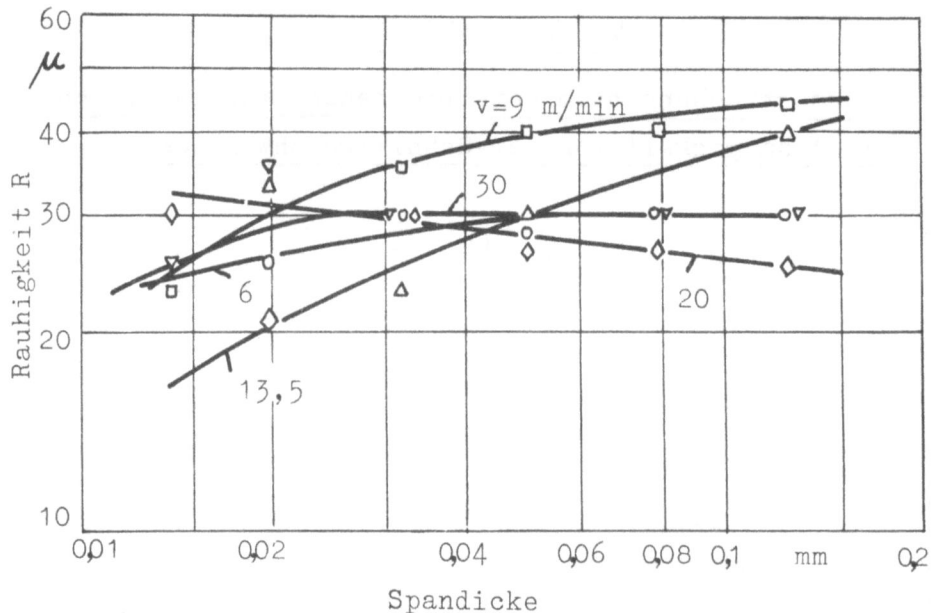

a) Koordinate x = 0,5 mm nach Schnittunterbrechung

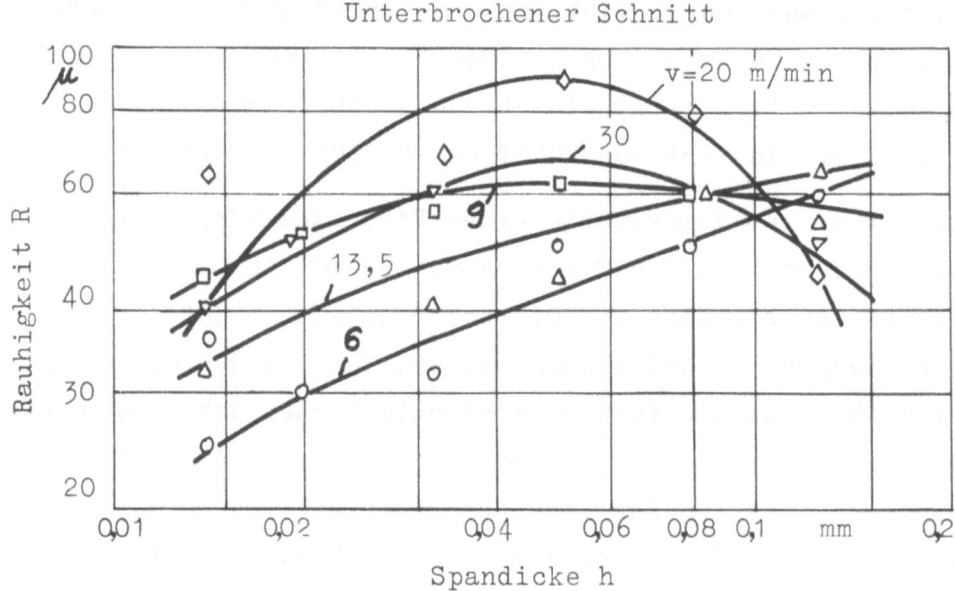

b) Koordinate x = 5 mm nach Schnittunterbrechung

A b b i l d u n g   34

Oberflächenrauhigkeit in Abhängigkeit von Spandicke und Schnittgeschwindigkeit beim unterbrochenen Orthogonalschnitt

Die Stick-Slip-Periode für den unterbrochenen Schnitt in Abhängigkeit von der Schnittgeschwindigkeit zeigt Abbildung 35. Die hier gezeigte Kurve liegt inmitten der Kurven für den kontinuierlichen Schnitt (vergl. Abb. 32). Hieraus kann gefolgert werden, daß die Schnittunterbrechung keinen Einfluß auf die Ausbildung der Oberflächentextur infolge der instabilen Aufbauschneide ausübt. Mit Rücksicht auf das Vorschubgetriebe wurde der Vorschub nicht größer als s = 0,125 mm/U gewählt.

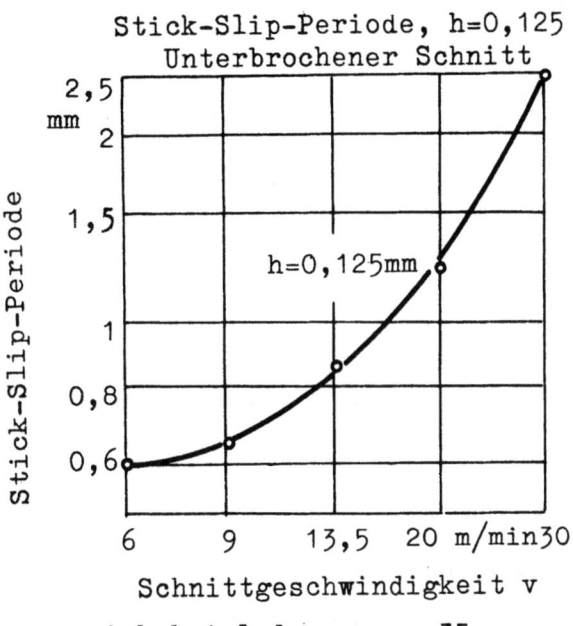

Abbildung 35

Stick-Slip-Periode beim unterbrochenen Orthogonalschnitt in Abhängigkeit von der Schnittgeschwindigkeit

4. Zusammenfassung und Folgerungen aus den Meßergebnissen

Die Schnittkraftmessungen im Orthogonalschnitt haben gezeigt, daß sowohl Hauptschnitt- als auch Abdrängkraft im Bereich der Spandicken von 0,0125 bis 0,1 mm von den hier untersuchten Schnittgeschwindigkeiten von 6 bis 30 m/min praktisch unabhängig sind. Das Verhältnis der beiden Schnittkraftkomponenten P_4/P_1 und der mittlere Reibungskoeffizient μ werden mit zunehmender Spandicke kleiner. Dabei liegt der Reibwert in seiner Größe um $\mu = 1$. Überträgt man diese Ergebnisse der analogen Drehversuche auf den Räumvorgang, so kann man bei bekannter Hauptschnittkraft P_1 die Abdrängkraft des Reibwertes bei dem jeweiligen Spanwinkel ermitteln.

Die Messungen der Oberflächengüte im reinen Orthogonalschnitt sind kennzeichnend für das Auftreten der stabilen und instabilen Aufbauschneide, der Oberflächentexturen und Rauhigkeiten, die sich hierbei ergeben. Sie haben einen gewissen Einblick in die Zusammenhänge zwischen Spanbildung und Oberflächengüte gegeben.

Abbildung 36
Verklebungen auf der Spanfläche

Die Drehversuche im unterbrochenen Schnitt bestätigen, daß die Festigkeit der stabilen Aufbauschneide so groß ist, daß sie nach Austritt der Werkzeuge aus dem Werkstück noch weiter an der Schneidkante haftet, d.h. daß sie nicht durch den Auslaufimpuls (ruckweise Entlastung) abgetrennt wird. Abbildung 36 zeigt solche Verklebungen auf der Spanfläche des Drehwerkzeuges.

V. Schlußbemerkung

Im Rahmen dieses Forschungsberichtes wurde zunächst über die allgemeinen Grundlagen und die Einflußgrößen beim Räumen berichtet.

Nach umfangreichen Voruntersuchungen, durch die ein Teil der Einflußfaktoren auf ihre Bedeutung hin untersucht und eingestuft wurden, konnten Versuche beim Außenräumen des Baustahles 16 Mn Cr 5 durchgeführt werden, wobei die Oberflächengüte des geräumten Werkstückes in Abhängigkeit von der Werkzeuggeometrie bei verschiedenen Schnittbedingungen ermittelt wurde. Dabei konnte die Oberflächenrauhigkeit als alleiniges Maß und Kriterium für die Standzeit eines Räumwerkzeuges bisher nicht bestimmt werden. Die Ermittlung des Verschleißes am Räumwerkzeug ist sehr schwierig, einmal wegen der sehr kleinen Spandicken und Schnittgeschwindigkeiten und zum anderen wegen der damit verbundenen Neigung zur Aufbauschneidenbildung an der Schneidkante.

Darüber hinaus wurden Analogieversuche beim Drehen im Orthogonalschnitt unter ähnlichen Schnittbedingungen durchgeführt, wie sie beim Räumen vorherrschen. In Abhängigkeit von Spandicke und Schnittgeschwindigkeit wurden Hauptschnitt- und Abdrängkraft gemessen und die Oberflächenrauhigkeit beim kontinuierlichen und unterbrochenen Schnitt ermittelt.

In weiteren Untersuchungen über den Räumvorgang sollen neben der Festlegung eines geeigneten Standzeitkriteriums durch die Oberflächen- oder Verschleißbestimmung die Schnittkräfte am Außen- und Innenräumwerkzeug gemessen werden, da sie konkrete Anhaltspunkte für die konstruktive Ausbildung von Räummaschinen und Räumwerkzeugen geben.

Prof. Dr.-Ing. Herwart OPITZ, Aachen
Dipl.-Ing. Walter SCHOLZ, Aachen

VI. Literaturverzeichnis

[1] ALLGAIER — Aussprachebeitrag zur 2. Feinbearbeitungstagung.
Werkstattstechnik und Maschinenbau, 45. Jhrg. Heft 11, November 1955.

[2] BARSOW — Die Technologie der Schneidwerkzeuge.
Berlin, Verlag Technik

[3] BEUERLEIN — Beitrag zur Klärung und Verhinderung des Stick-Slip-Vorganges.
Industrieanzeiger Nr. 97/XII, 1955.

[4] BOWDEN und TABOR — The Friction and Lubrication of Solids.
Oxford (England) 1954; At the Claredon Press Plate VII.

[5] DJATSCHENKO — Die Beschaffenheit der Oberfläche bei der Zerspanung von Metallen.
Verlag Technik, Berlin 1952.

[6] ERNST und MERCHANT — Chip Formation, Friction and Finish.
Cincinnati/Ohio (USA), The Cincinnati Milling Machine Company.

[7] RAPATZ — Schleifhaut und Schneidhaltigkeit von geschliffenen Teilen.
Stahl und Eisen, Bd. 57, S. 250 ff.

[8] LOLADSE — Spanbildung beim Schneiden von Metallen.
VEB-Verlag Technik, Berlin, Band 176, 1955.

[9] MEIER — Räumen als Feinbearbeitungsverfahren.
Werkstattstechnik und Maschinenbau Heft 11, 1955.

[10] MÉTRAL — La Machine Outil, Tôme IV, Paris 1953, Dunod S. 254.

[11] MOLL — Begriff der Feinbearbeitung und Grundlage für den Vergleich der Verfahren.
Werkstattstechnik und Maschinenbau, 43. Jhrg. (1953).

[12] MOLL — Zusammenfassung zu der Erörterung der Maß-, Form- und Oberflächengüte für die Praxis der Feinbearbeitung.
Werkstattstechnik und Maschinenbau, Heft 11, 1955.

[13] MÜLLER — Das Schärfen von Räumwerkzeugen.
Werkstattstechnik und Maschinenbau, 34. Jhrg. 1942.

[14] OPITZ/HUCKS — Zerspanungskräfte und Werkstoffmechanik.
Fortschrittliche Fertigung und moderne Werkzeugmaschinen.
Vorträge und Diskussionen zum 7. Aachener Werkzeugmaschinen-Kolloquium 1954.
Verlag W. Girardet, Essen 1954.

[15] OPITZ/WEBER — Beitrag zur Analyse des Standzeitverhaltens.
Fortschrittliche Fertigung und moderne Werkzeugmaschinen.
7. Aachener Werkzeugmaschinen-Kolloquium.
Verlag W. Girardet, Essen 1954.

[16] SCHATZ — Hilfsbuch für das Räumen von Werkstücken.
München 1951, C. Hanser Verlag.

[17] SCHATZ — Außenräumen.
Springer-Verlag 1952

[18] SCHATZ — Innenräumen.
Springer-Verlag 1940.

[19] SCHIEBOLD — Feinstrukturstudien über Ursachen der Standzeiterhöhungen von Werkzeugen.
Die Technik 9 (1954), S. 438.

[20] SCHOLZ — Untersuchungen über den Räumvorgang.
Industrie-Anzeiger Nr. 53/VII, 5. Juli 1955.

[21] SCHWERD — Neue Untersuchungen zur Schnitt-Theorie und Bearbeitbarkeit.
Stahl und Eisen 1931, Heft 16.

[22] SERGIENKO und NESABYTOWSKY — Räumen und Räumwerkzeuge.
Fachbuchverlag Leipzig 1955

[23] SPEAR, ROBINSON, WOLFE — The Influence of Machining and Grinding Methods on the Mechanical and Physical Condition of Metal Surfaces.
Properties of Metallic Surfaces.
London 1953, The Institute of Metals, S. 59 ff.

[24] STEFFENS — Der heutige Stand des Räumens.
Industrie-Anzeiger Nr. 54/VII, 6. Jul. 1954.

[25] TARASOW und LUNDBERG — Nature and Detektion of Grinding Burn in Steel. Trans ASM 1949, 41, S. 893-939.

[26] DE VRIES — Oberflächenrauheit, Toleranz und Passung.
Werkstattstechnik und Maschinenbau, Heft 11, 1955.

Forschungsberichte des Wirtschafts- und Verkehrsministeriums Nordrhein-Westfalen

[27] WEBER   Die Beziehungen zwischen Spanentstehung, Verschleißformen und Zerspanbarkeit beim Drehen von Stahl.
Dissertation, Techn. Hochschule Aachen 1954.

[28] WITTHOFF   Die Hartmetallwerkzeuge in der spangebenden Formgebung.
München 1952, C. Hanser.

[29] WOODING   The Hardened and Tempered Microstructure of High Speed Steel as a Factor in Tool Performance.
Trans. A.S.M.E. Mai 1947, S. 281 ff.

FORSCHUNGSBERICHTE
DES WIRTSCHAFTS- UND VERKEHRSMINISTERIUMS
NORDRHEIN-WESTFALEN

Herausgegeben von Staatssekretär Prof. Dr. h. c. Leo Brandt

HEFT 1
Prof. Dr.-Ing. E. Flegler, Aachen
Untersuchungen oxydischer Ferromagnet-Werkstoffe
1952, 20 Seiten, DM 6,75

HEFT 2
Prof. Dr. W. Fuchs, Aachen
Untersuchungen über absatzfreie Teeröle
1952, 32 Seiten, 5 Abb., 6 Tabellen, DM 10,—

HEFT 3
Techn.-Wissenschaftl. Büro für die Bastfaserindustrie, Bielefeld
Untersuchungsarbeiten zur Verbesserung des Leinenwebstuhls
1952, 44 Seiten, 7 Abb., 3 Tabellen, DM 12,50

HEFT 4
Prof. Dr. E. A. Müller und Dipl.-Ing. H. Spitzer, Dortmund
Untersuchungen über die Hitzebelastung in Hüttenbetrieben
1952, 28 Seiten, 5 Abb., 1 Tabelle, DM 9,—

HEFT 5
Dipl.-Ing. W. Fister, Aachen
Prüfstand der Turbinenuntersuchungen
1952, 40 Seiten, 30 Abb., 3 Schaltbilder, DM 1,—

HEFT 6
Prof. Dr. W. Fuchs, Aachen
Untersuchungen über die Zusammensetzung und Verwendbarkeit von Schwelteerfraktionen
1952, 36 Seiten, DM 10,50

HEFT 7
Prof. Dr. W. Fuchs, Aachen
Untersuchungen über emsländisches Petrolatum
1952, 36 Seiten, 1 Abb., 17 Tabellen, DM 10,50

HEFT 8
M. E. Meffert und H. Stratmann, Essen
Algen-Großkulturen im Sommer 1951
1953, 52 Seiten, 4 Abb., 20 Tabellen, DM 9,75

HEFT 9
Techn.-Wissenschaftl. Büro für die Bastfaserindustrie, Bielefeld
Untersuchungen über die zweckmäßige Wicklungsart von Leinengarnkreuzspulen unter Berücksichtigung der Anwendung hoher Geschwindigkeiten des Garnes
Vorversuche für Zetteln und Schären von Leinengarnen auf Hochleistungsmaschinen
1952, 48 Seiten, 7 Abb., 7 Tabellen, DM 9,25

HEFT 10
Prof. Dr. W. Vogel, Köln
„Das Streifenpaar" als neues System zur mechanischen Vergrößerung kleiner Verschiebungen und seine technischen Anwendungsmöglichkeiten
1953, 20 Seiten, 6 Abb., DM 4,50

HEFT 11
Laboratorium für Werkzeugmaschinen und Betriebslehre, Technische Hochschule Aachen
1. Untersuchungen über Metallbearbeitung im Fräsvorgang mit Hartmetallwerkzeugen und negativem Spanwinkel
2. Weiterentwicklung des Schleifverfahrens für die Herstellung von Präzisionswerkstücken unter Vermeidung hoher Temperaturen
3. Untersuchung von Oberflächenveredlungsverfahren zur Steigerung der Belastbarkeit hochbeanspruchter Bauteile
1953, 80 Seiten, 61 Abb., DM 15,75

HEFT 12
Elektrowärme-Institut, Langenberg (Rhld.)
Induktive Erwärmung mit Netzfrequenz
1952, 22 Seiten, 6 Abb., DM 5,20

HEFT 13
Techn.-Wissenschaftl. Büro für die Bastfaserindustrie, Bielefeld
Das Naßspinnen von Bastfasergarnen mit chemischen Zusätzen zum Spinnbad
1953, 52 Seiten, 4 Abb., 19 Tabellen, DM 10,—

HEFT 14
Forschungsstelle für Acetylen, Dortmund
Untersuchungen über Aceton als Lösungsmittel für Acetylen
1952, 64 Seiten, 10 Abb., 26 Tabellen, DM 12,25

HEFT 15
Wäschereiforschung Krefeld
Trocknen von Wäschestoffen
1953, 48 Seiten, 14 Abb., 2 Tabellen, DM 9,—

HEFT 16
Max-Planck-Institut für Kohlenforschung, Mülheim a. d. Ruhr
Arbeiten des MPI für Kohlenforschung
1953, 104 Seiten, 9 Abb., DM 17,80

HEFT 17
Ingenieurbüro Herbert Stein, M.-Gladbach
Untersuchung der Verzugsvorgänge in den Streckwerken verschiedener Spinnereimaschinen. 1. Bericht: Vergleichende Prüfung mit verschiedenen Dickenmeßgeräten
1952, 36 Seiten, 15 Abb., DM 8,—

HEFT 18
Wäschereiforschung Krefeld
Grundlagen zur Erfassung der chemischen Schädigung beim Waschen
1953, 68 Seiten, 15 Abb., 15 Tabellen, DM 12,75

HEFT 19
Techn.-Wissenschaftl. Büro für die Bastfaserindustrie, Bielefeld
Die Auswirkung des Schlichtens von Leinengarnketten auf den Verarbeitungswirkungsgrad, sowie die Festigkeit und Dehnungsverhältnisse der Garne und Gewebe
1953, 48 Seiten, 1 Abb., 9 Tabellen, DM 9,—

HEFT 20
Techn.-Wissenschaftl. Büro für die Bastfaserindustrie, Bielefeld
Trocknung von Leinengarnen I
Vorgang und Einwirkung auf die Garnqualität
1953, 62 Seiten, 18 Abb., 5 Tabellen, DM 12,—

HEFT 21
Techn.-Wissenschaftl. Büro für die Bastfaserindustrie, Bielefeld
Trocknung von Leinengarnen II
Spulenanordnung und Luftführung beim Trocknen von Kreuzspulen
1953, 66 Seiten, 22 Abb., 9 Tabellen, DM 13,—

HEFT 22
Techn.-Wissenschaftl. Büro für die Bastfaserindustrie, Bielefeld
Die Reparaturanfälligkeit von Webstühlen
1953, 28 Seiten, 7 Abb., 5 Tabellen, DM 5,80

HEFT 23
Institut für Starkstromtechnik, Aachen
Rechnerische und experimentelle Untersuchungen zur Kenntnis der Metadyne als Umformer von konstanter Spannung auf konstanten Strom
1953, 52 Seiten, 20 Abb., 4 Tafeln, DM 9,75

HEFT 24
Institut für Starkstromtechnik, Aachen
Vergleich verschiedener Generator-Metadyne-Schaltungen in bezug auf statisches Verhalten
1952, 44 Seiten, 23 Abb., DM 8,50

HEFT 25
Gesellschaft für Kohlentechnik mbH., Dortmund-Eving
Struktur der Steinkohlen und Steinkohlen-Kokse
1953, 58 Seiten, DM 11,—

HEFT 26
Techn.-Wissenschaftl. Büro für die Bastfaserindustrie, Bielefeld
Vergleichende Untersuchungen zweier neuzeitlicher Ungleichmäßigkeitsprüfer für Bänder und Garne hinsichtlich ihrer Eignung für die Bastfaserspinnerei
1953, 64 Seiten, 30 Abb., DM 12,50

HEFT 27
Prof. Dr. E. Schratz, Münster
Untersuchungen zur Rentabilität des Arzneipflanzenanbaues Römische Kamille, Anthemis nobilis L.
1953, 16 Seiten, 1 Tabelle, DM 3,60

HEFT 28
Prof. Dr. E. Schratz, Münster
Calendula officinalis L. Studien zur Ernährung, Blütenfüllung und Rentabilität der Drogengewinnung
1953, 24 Seiten, 2 Abb., 3 Tabellen, DM 5,20

HEFT 29
Techn.-Wissenschaftl. Büro für die Bastfaserindustrie, Bielefeld
Die Ausnützung der Leinengarne in Geweben
1953, 100 Seiten, 14 Abb., 10 Tabellen, DM 17,80

HEFT 30
Gesellschaft für Kohlentechnik mbH., Dortmund-Eving
Kombinierte Entaschung und Verschwelung von Steinkohle; Aufarbeitung von Steinkohlenschlämmen zu verkokbarer oder verschwelbarer Kohle
1953, 56 Seiten, 16 Abb., 10 Tabellen, DM 10,50

HEFT 31
Dipl.-Ing. A. Stormanns, Essen
Messung des Leistungsbedarfs von Doppelsteg-Kettenförderern
1954, 54 Seiten, 18 Abb., 3 Anlagen, DM 11,—

HEFT 32
Techn.-Wissenschaftl. Büro für die Bastfaserindustrie, Bielefeld
Der Einfluß der Natriumchloridbleiche auf Qualität und Verwebbarkeit von Leinengarnen und die Eigenschaften des Leinengewebes unter besonderer Berücksichtigung des Einsatzes von Schützen- und Spulenwechselautomaten in der Leinenweberei
1953, 64 Seiten, 2 Abb., 12 Tabellen, DM 11,50

HEFT 33
Kohlenstoffbiologische Forschungsstation e. V.
Eine Methode zur Bestimmung von Schwefeldioxyd und Schwefelwasserstoff in Rauchgasen und in der Atmosphäre
1953, 32 Seiten, 8 Abb., 3 Tabellen, DM 6,50

HEFT 34
Textilforschungsanstalt Krefeld
Quellungs- und Entquellungsvorgänge bei Faserstoffen
1953, 52 Seiten, 13 Abb., 13 Tabellen, DM 9,80

WESTDEUTSCHER VERLAG · KÖLN UND OPLADEN

HEFT 35
Professor Dr. W. Kast, Krefeld
Feinstrukturuntersuchungen an künstlichen Zellulosefasern verschiedener Herstellungsverfahren. Teil I: Der Orientierungszustand
1953, 74 Seiten, 30 Abb., 7 Tabellen, DM 13,80

HEFT 36
Forschungsinstitut der feuerfesten Industrie, Bonn
Untersuchungen über die Trocknung von Rohton
Untersuchungen über die chemische Reinigung von Silika- und Schamotte-Rohstoffen mit chlorhaltigen Gasen
1953, 60 Seiten, 5 Abb., 5 Tabellen, DM 11,—

HEFT 37
Forschungsinstitut der feuerfesten Industrie, Bonn
Untersuchungen über den Einfluß der Probenvorbereitung auf die Kaltdruckfestigkeit feuerfester Steine
1953, 40 Seiten, 2 Abb., 5 Tabellen, DM 7,80

HEFT 38
Forschungsstelle für Acetylen, Dortmund
Untersuchungen über die Trocknung von Acetylen zur Herstellung von Dissousgas
1953, 36 Seiten, 11 Abb., 3 Tabellen, DM 6,80

HEFT 39
Forschungsgesellschaft Blechverarbeitung e. V., Düsseldorf
Untersuchungen an prägegemusterten und vorgelochten Blechen
1953, 46 Seiten, 34 Abb., DM 9,50

HEFT 40
Landesgeologe Dr.-Ing. W. Wolff,
Amt für Bodenforschung, Krefeld
Untersuchungen über die Anwendbarkeit geophysikalischer Verfahren zur Untersuchung von Spateisengängen im Siegerland
1953, 46 Seiten, 8 Abb., DM 8,80

HEFT 41
Techn.-Wissenschaftl. Büro für die Bastfaserindustrie, Bielefeld
Untersuchungsarbeiten zur Verbesserung des Leinenwebstuhles II
1953, 40 Seiten, 4 Abb., 5 Tabellen, DM 7,80

HEFT 42
Professor Dr. B. Helferich, Bonn
Untersuchungen über Wirkstoffe — Fermente — in der Kartoffel und die Möglichkeit ihrer Verwendung
1953, 58 Seiten, 9 Abb., DM 11,—

HEFT 43
Forschungsgesellschaft Blechverarbeitung e. V., Düsseldorf
Forschungsergebnisse über das Beizen von Blechen
1953, 48 Seiten, 38 Abb., 2 Tabellen, DM 11,30

HEFT 44
Arbeitsgemeinschaft für praktische Dehnungsmessung, Düsseldorf
Eigenschaften und Anwendungen von Dehnungsmeßstreifen
1953, 68 Seiten, 43 Abb., 2 Tabellen, DM 13,70

HEFT 45
Losenhausenwerk Düsseldorfer Maschinenbau AG., Düsseldorf
Untersuchungen von störenden Einflüssen auf die Lastgrenzenanzeige von Dauerschwingprüfmaschinen
1953, 36 Seiten, 11 Abb., 3 Tabellen, DM 7,25

HEFT 46
Prof. Dr. W. Fuchs, Aachen
Untersuchungen über die Aufbereitung von Wasser für die Dampferzeugung in Benson-Kesseln
1953, 58 Seiten, 18 Abb., 9 Tabellen, DM 11,20

HEFT 47
Prof. Dr.-Ing. K. Krekeler, Aachen
Versuche über die Anwendung der induktiven Erwärmung zum Sintern von hochschmelzenden Metallen sowie zur Anlegierung und Vergütung von aufgespritzten Metallschichten mit dem Grundwerkstoff
1954, 66 Seiten, 39 Abb., DM 13,90

HEFT 48
Max-Planck-Institut für Eisenforschung, Düsseldorf
Spektrochemische Analyse der Gefügebestandteile in Stählen nach ihrer Isolierung
1953, 38 Seiten, 8 Abb., 5 Tabellen, DM 7,80

HEFT 49
Max-Planck-Institut für Eisenforschung, Düsseldorf
Untersuchungen über den Ablauf der Desoxydation und die Bildung von Einschlüssen in Stählen
1953, 52 Seiten, 19 Abb., 3 Tabellen, DM 12,40

HEFT 50
Max-Planck-Institut für Eisenforschung, Düsseldorf
Flammenspektralanalytische Untersuchung der Ferritzusammensetzung in Stählen
1953, 44 Seiten, 15 Abb., 4 Tabellen, DM 8,60

HEFT 51
Verein zur Förderung von Forschungs- und Entwicklungsarbeiten in der Werkzeugindustrie e. V., Remscheid
Untersuchungen an Kreissägeblättern für Holz, Fehler- und Spannungsprüfverfahren
1953, 50 Seiten, 23 Abb., DM 10,—

HEFT 52
Forschungsstelle für Acetylen, Dortmund
Untersuchungen über den Umsatz bei der explosiblen Zersetzung von Azetylen
a) Zersetzung von gasförmigem Azetylen
b) Zersetzung von an Silikagel absorbiertem Azetylen
1954, 48 Seiten, 8 Abb., 10 Tabellen, DM 9,25

HEFT 53
Professor Dr.-Ing. H. Opitz, Aachen
Reibwert und Verschleißmessungen an Kunststoffgleitführungen für Werkzeugmaschinen
1954, 38 Seiten, 18 Abb., DM 8,20

HEFT 54
Professor Dr.-Ing. F. A. F. Schmidt, Aachen
Schaffung von Grundlagen für die Erhöhung der spez. Leistung und Herabsetzung des spez. Brennstoffverbrauches bei Ottomotoren mit Teilbericht über Arbeiten an einem neuen Einspritzverfahren
1954, 34 Seiten, 15 Abb., DM 7,40

HEFT 55
Forschungsgesellschaft Blechverarbeitung e. V., Düsseldorf
Chemisches Glänzen von Messing und Neusilber
1954, 50 Seiten, 21 Abb., 1 Tabelle, DM 10,20

HEFT 56
Forschungsgesellschaft Blechverarbeitung e. V., Düsseldorf
Untersuchungen über einige Probleme der Behandlung von Blechoberflächen
1954, 52 Seiten, 42 Abb., DM 11,20

HEFT 57
Prof. Dr.-Ing. F. A. F. Schmidt, Aachen
Untersuchungen zur Erforschung des Einflusses des chemischen Aufbaues des Kraftstoffes auf sein Verhalten im Motor und in Brennkammern von Gasturbinen
1954, 70 Seiten, 32 Abb., DM 14,60

HEFT 58
Gesellschaft für Kohlentechnik mbH., Dortmund
Herstellung und Untersuchung von Steinkohlenschwelteer
1954, 74 Seiten, 9 Abb., 9 Tabellen, DM 13,75

HEFT 59
Forschungsinstitut der Feuerfest-Industrie e. V., Bonn
Ein Schnellanalysenverfahren zur Bestimmung von Aluminiumoxyd, Eisenoxyd und Titanoxyd in feuerfestem Material mittels organischer Farbreagenzien auf photometrischem Wege
Untersuchungen des Alkali-Gehaltes feuerfester Stoffe mit dem Flammenphotometer nach Riehm-Lange
1954, 62 Seiten, 12 Abb., 3 Tabellen, DM 11,60

HEFT 60
Forschungsgesellschaft Blechverarbeitung e. V., Düsseldorf
Untersuchungen über das Spritzlackieren im elektrostatischen Hochspannungsfeld
1954, 82 Seiten, 53 Abb., 7 Tabellen, DM 17,—

HEFT 61
Verein zur Förderung von Forschungs- und Entwicklungsarbeiten in der Werkzeugindustrie e. V., Remscheid
Schwingungs- und Arbeitsverhalten von Kreissägeblättern für Holz
1954, 54 Seiten, 31 Abb., DM 11,40

HEFT 62
Professor Dr. W. Franz, Institut für theoretische Physik der Universität Münster
Berechnung des elektrischen Durchschlags durch feste und flüssige Isolatoren
1954, 36 Seiten, DM 7,—

HEFT 63
Textilforschungsanstalt Krefeld
Neue Methoden zur Untersuchung der Wirkungsweise von Textilhilfsmitteln
Untersuchungen über Schlichtungs- und Entschlichtungsvorgänge
1954, 34 Seiten, 1 Abb., 5 Tabellen, DM 6,80

HEFT 64
Textilforschungsanstalt Krefeld
Die Kettenlängenverteilung von hochpolymeren Faserstoffen
Über die fraktionierte Fällung von Polyamiden
1954, 44 Seiten, 13 Abb., DM 8,60

HEFT 65
Fachverband Schneidwarenindustrie, Solingen
Untersuchungen über das elektrolytische Polieren von Tafelmesserklingen aus rostfreiem Stahl
1954, 90 Seiten, 38 Abb., 9 Tabellen, DM 17,35

HEFT 66
Dr.-Ing. P. Füsgen VDI †, Düsseldorf
Untersuchungen über das Auftreten des Ratterns bei selbsthemmenden Schneckengetrieben und seine Verhütung
1954, 32 Seiten, 5 Abb., DM 6,60

HEFT 67
Heinrich Wösthoff o. H. G., Apparatebau, Bochum
Entwicklung einer chemisch-physikalischen Apparatur zur Bestimmung kleinster Kohlenoxyd-Konzentrationen
1954, 94 Seiten, 48 Abb., 2 Tabellen, DM 18,25

HEFT 68
Kohlenstoffbiologische Forschungsstation e. V., Essen
Algengroßkulturen im Sommer 1952
II. Über die unsterile Großkultur von Scenedesmus obliquus
1954, 62 Seiten, 3 Abb., 29 Tabellen, DM 11,40

HEFT 69
Wäschereiforschung Krefeld
Bestimmung des Faserabbaues bei Leinen unter besonderer Berücksichtigung der Leinengarnbleiche
1954, 48 Seiten, 15 Abb., 3 Tabellen, DM 9,60

HEFT 70
Wäschereiforschung Krefeld
Trocknen von Wäschestoffen
1954, 52 Seiten, 18 Abb., 3 Tabellen, DM 10,—

HEFT 71
Prof. Dr.-Ing. K. Leist, Aachen
Kleingasturbinen, insbesondere zum Fahrzeugantrieb
1954, 114 Seiten, 85 Abb., DM 22,—

HEFT 72
Prof. Dr.-Ing. K. Leist, Aachen
Beitrag zur Untersuchung von stehenden geraden Turbinengittern mit Hilfe von Druckverteilungsmessungen
1954, 152 Seiten, 111 Abb., DM 36,20

HEFT 73
Prof. Dr.-Ing. K. Leist, Aachen
Spannungsoptische Untersuchungen von Turbinenschaufelfüßen
1954, 66 Seiten, 46 Abb., 2 Tabellen, DM 14,60

HEFT 74
Max-Planck-Institut für Eisenforschung, Düsseldorf
Versuche zur Klärung des Umwandlungsverhaltens eines sonderkarbidbildenden Chromstahls
1954, 58 Seiten, 10 Abb., DM 14,—

HEFT 75
Max-Planck-Institut für Eisenforschung, Düsseldorf
Zeit-Temperatur-Umwandlungs-Schaubilder als Grundlage der Wärmebehandlung der Stähle
1954, 44 Seiten, 13 Abb., DM 8,70

HEFT 76
Max-Planck-Institut für Arbeitsphysiologie, Dortmund
Arbeitstechnische und arbeitsphysiologische Rationalisierung von Mauersteinen
1954, 52 Seiten, 12 Abb., 3 Tabellen, DM 10,20

HEFT 77
Meteor Apparatebau Paul Schmeck GmbH., Siegen
Entwicklung von Leuchtstoffröhren hoher Leistung
1954, 46 Seiten, 12 Abb., 2 Tabellen, DM 9,15

HEFT 78
Forschungsstelle für Acetylen, Dortmund
Über die Zustandsgleichung des gasförmigen Acetylens und das Gleichgewicht Acetylen — Aceton
1954, 42 Seiten, 3 Abb., 8 Tabellen, DM 8,—

HEFT 79
Techn.-Wissenschaftl. Büro für die Bastfaserindustrie, Bielefeld
Trocknung von Leinengarnen III
Spinnspulen- und Spinnkopstrocknung
Vorgang und Einwirkung auf die Garnqualität
1954, 74 Seiten, 18 Abb., 10 Tabellen, DM 14,—

WESTDEUTSCHER VERLAG · KÖLN UND OPLADEN

HEFT 80
Techn.-Wissenschaftl. Büro für die Bastfaserindustrie, Bielefeld
Die Verarbeitung von Leinengarn auf Webstühlen mit und ohne Oberbau
1954, 30 Seiten, 2 Abb., 2 Tabellen, DM 6,—

HEFT 81
Prüf- und Forschungsinstitut für Ziegeleierzeugnisse, Essen-Kray
Die Einführung des großformatigen Einheits-Gitterziegels im Lande Nordrhein-Westfalen
1954, 54 Seiten, 2 Abb., 2 Tabellen, DM 10,—

HEFT 82
Vereinigte Aluminium-Werke AG., Bonn
Forschungsarbeiten auf dem Gebiet der Veredelung von Aluminium-Oberflächen
1954, 46 Seiten, 34 Abb., DM 9,60

HEFT 83
Prof. Dr. S. Strugger, Münster
Über die Struktur der Proplastiden
1954, 30 Seiten, 15 Abb., DM 8,40

HEFT 84
Dr. H. Baron, Düsseldorf
Über Standardisierung von Wundtextilien
1954, 32 Seiten, DM 6,40

HEFT 85
Textilforschungsanstalt Krefeld
Physikalische Untersuchungen an Fasern, Fäden, Garnen und Geweben:
Untersuchungen am Knickscheuergerät nach Weltzien
1954, 40 Seiten, 11 Abb., 8 Tabellen, DM 10,—

HEFT 86
Prof. Dr.-Ing. H. Opitz, Aachen
Untersuchungen über das Fräsen von Baustahl sowie über den Einfluß des Gefüges auf die Zerspanbarkeit
1954, 108 Seiten, 73 Abb., 7 Tabellen, DM 22,—

HEFT 87
Gemeinschaftsausschuß Verzinken, Düsseldorf
Untersuchungen über Güte von Verzinkungen
1954, 68 Seiten, 56 Abb., 3 Tabellen, DM 15,30

HEFT 88
Gesellschaft für Kohlentechnik mbH., Dortmund-Eving
Oxydation von Steinkohle mit Salpetersäure
1954, 62 Seiten, 2 Abb., 1 Tabelle, DM 11,50

HEFT 89
Verein Deutscher Ingenieure, Gleitlagerforschung, Düsseldorf und Prof. Dr.-Ing. G. Vogelpohl, Göttingen
Versuche mit Preßstoff-Lagern für Walzwerke
1954, 70 Seiten, 34 Abb., DM 14,10

HEFT 90
Forschungs-Institut der Feuerfest-Industrie, Bonn
Das Verhalten von Silikasteinen im Siemens-Martin-Ofengewölbe
1954, 62 Seiten, 15 Abb., 11 Tabellen, DM 11,90

HEFT 91
Forschungs-Institut der Feuerfest-Industrie, Bonn
Untersuchungen des Zusammenhangs zwischen Leistung und Kohlenverbrauch von Kammeröfen zum Brennen von feuerfesten Materialien
1954, 42 Seiten, 6 Abb., DM 8,30

HEFT 92
Techn.-Wissenschaftl. Büro für die Bastfaserindustrie, Bielefeld und Laboratorium für textile Meßtechnik, M.-Gladbach
Messungen von Vorgängen am Webstuhl
1954, 76 Seiten, 45 Abb., DM 15,50

HEFT 93
Prof. Dr. W. Kast, Krefeld
Spinnversuche zur Strukturerfassung künstlicher Zellulosefasern
1954, 82 Seiten, 39 Abb., 6 Tabellen, DM 16,—

HEFT 94
Prof. Dr. G. Winter, Bonn
Die Heilpflanzen des MATTHIOLUS (1611) gegen Infektionen der Harnwege und Verunreinigung der Wunden bzw. zur Förderung der Wundheilung im Lichte der Antibiotikaforschung
1954, 58 Seiten, 1 Abb., 2 Tabellen, DM 11,50

HEFT 95
Prof. Dr. G. Winter, Bonn
Untersuchungen über die flüchtigen Antibiotika aus der Kapuziner- (Tropaeolum maius) und Gartenkresse (Lepidium sativum) und ihr Verhalten im menschlichen Körper bei Aufnahme von Kapuziner- bzw. Gartenkressensalat per os
1955, 74 Seiten, 9 Abb., 25 Tabellen, DM 14,—

HEFT 96
Dr.-Ing. P. Koch, Dortmund
Austritt von Exoelektronen aus Metalloberflächen unter Berücksichtigung der Verwendung des Effektes für die Materialprüfung
1954, 34 Seiten, 13 Abb., DM 7,—

HEFT 97
Ing. H. Stein, Laboratorium für textile Meßtechnik, M.-Gladbach
Untersuchung der Verzugsvorgänge an den Streckwerken verschiedener Spinnereimaschinen
2. Bericht: Ermittlung der Haft-Gleiteigenschaften von Faserbändern und Vorgarnen
1955, 98 Seiten, 54 Abb., DM 21,—

HEFT 98
Fachverband Gesenkschmieden, Hagen
Die Arbeitsgenauigkeit beim Gesenkschmieden unter Hämmern
1955, 132 Seiten, 55 Abb., 9 Tabellen, DM 24,75

HEFT 99
Prof. Dr.-Ing. G. Garbotz, Aachen
Der Kraft- und Arbeitsaufwand sowie die Leistungen beim Biegen von Bewehrungsstählen in Abhängigkeit von den Abmessungen, den Formen und der Güte der Stähle (Ermittlung von Leistungsrichtlinien)
1955, 136 Seiten, 53 Abb., 3 Anlagen, 18 Tabellen, DM 30,—

HEFT 100
Prof. Dr.-Ing. H. Opitz, Aachen
Untersuchungen von elektrischen Antrieben, Steuerungen und Regelungen an Werkzeugmaschinen
1955, 166 Seiten, 71 Abb., 3 Tabellen, DM 31,30

HEFT 101
Prof. Dr.-Ing. H. Opitz, Aachen
Wirtschaftlichkeitsbetrachtungen beim Außenrundschleifen
1955, 100 Seiten, 56 Abb., 3 Tabellen, DM 19,30

HEFT 102
Dr. P. Hölemann, Ing. R. Hasselmann und Ing. G. Dix, Dortmund
Untersuchungen über die thermische Zündung von explosiblen Acetylenzersetzungen in Kapillaren
1954, 44 Seiten, 5 Abb., 4 Tabellen, DM 8,60

HEFT 103
Prof. Dr. W. Weizel, Bonn
Durchführung von experimentellen Untersuchungen über den zeitlichen Ablauf von Funken in komprimierten Edelgasen sowie zu deren mathematischen Berechnung
1955, 46 Seiten, 12 Abb., DM 9,10

HEFT 104
Prof. Dr. W. Weizel, Bonn
Über den Einfluß der Elektroden auf die Eigenschaften von Cadmium-Sulfid-Widerstands-Photozellen
1955, 48 Seiten, 12 Abb., DM 9,45

HEFT 105
Dr.-Ing. R. Meldau, Harsewinkel/Westf.
Auswertung von Gekörn — Analysen des Musterstaubes „Flugasche Fortuna I"
1955, 42 Seiten, 14 Abb., DM 8,50

HEFT 106
ORR. Dr.-Ing. W. Küch, Dortmund
Untersuchungen über die Einwirkung von feuchtigkeitsgesättigter Luft auf die Festigkeit von Leimverbindungen
1954, 60 Seiten, 10 Abb., 6 Tabellen, DM 11,40

HEFT 107
Prof. Dr. H. Lange and Dipl.-Phys. P. St. Pütter, Köln
Über die Konstruktion von Laboratoriumsmagneten
1955, 66 Seiten, 19 Abb., 1 Tabelle, DM 12,30

HEFT 108
Prof. Dr. W. Fuchs, Aachen
Untersuchungen über neue Beizmethoden und Beizabwässer
I. Die Entzunderung von Drähten mit Natriumhydrid
II. Die Aufbereitung von Beizabwässern
1955, 82 S., 15 Abb., 14 Tabellen, 1 Falttafel, DM 15,25

HEFT 109
Dr. P. Hölemann und Ing. R. Hasselmann, Dortmund
Untersuchungen über die Löslichkeit von Azetylen in verschiedenen organischen Lösungsmitteln
1954, 42 Seiten, 10 Abb., 8 Tabellen, DM 8,30

HEFT 110
Dr. P. Hölemann und Ing. R. Hasselmann, Dortmund
Untersuchungen über den Druckverlauf bei der explosiblen Zersetzung von gasförmigem Azetylen
1955, 54 Seiten, 10 Abb., 5 Tabellen, DM 11,—

HEFT 111
Fachverband Steinzeugindustrie, Köln
Die Entwicklung eines Gerätes zur Beschickung seitlicher Feuer von Steinzeug-Einzelkammeröfen mit festen Brennstoffen
1955, 46 Seiten, 16 Abb., DM 9,40

HEFT 112
Prof. Dr.-Ing. H. Opitz, Aachen
Verschleißmessungen beim Drehen mit aktivierten Hartmetallwerkzeugen
1954, 44 Seiten, 17 Abb., 6 Tabellen, DM 8,80

HEFT 113
Prof. Dr. O. Graf, Dortmund
Erforschung der geistigen Ermüdung und nervösen Belastung: Studien über die vegetative 24-Stunden-Rhythmik in Ruhe und unter Belastung
1955, 40 Seiten, 12 Abb., DM 8,20

HEFT 114
Prof. Dr. O. Graf, Dortmund
Studien über Fließarbeitsprobleme an einer praxisnahen Experimentieranlage
1954, 34 Seiten, 6 Abb., DM 7,—

HEFT 115
Prof. Dr. O. Graf, Dortmund
Studium über Arbeitspausen in Betrieben bei freier und zeitgebundener Arbeit (Fließarbeit) und ihre Auswirkung auf die Leistungsfähigkeit
1955, 50 Seiten, 13 Abb., 2 Tabellen, DM 9,80

HEFT 116
Prof. Dr.-Ing. E. Siebel und Dr.-Ing. H. Weiss, Stuttgart
Untersuchungen an einigen Problemen des Tiefziehens — I. Teil
1955, 74 Seiten, 50 Abb., 5 Tabellen, DM 14,50

HEFT 117
Dr.-Ing. H. Beißwänger, Stuttgart, und Dr.-Ing. S. Schwandt, Trier
Untersuchungen an einigen Problemen des Tiefziehens — II. Teil
1955, 92 Seiten, 34 Abb., 8 Tabellen, DM 17,70

HEFT 118
Prof. Dr. E. A. Müller und Dr. H. G. Wenzel, Dortmund
Neuartige Klima-Anlage zur Erzeugung ungleicher Luft- und Strahlungstemperaturen in einem Versuchsraum
1955, 68 Seiten, 10 z. T. mehrfarb. Abb., DM 14,—

HEFT 119
Dr.-Ing. O. Viertel, Krefeld
Wäscherei- und energietechnische Untersuchung einer Gemeinschafts-Waschanlage
1955, 50 Seiten, 18 Abb., DM 10,20

HEFT 120
Dipl.-Ing. A. Weisbecker, Lüdenscheid
Über Anfressung an Reinstaluminium-Schweißnähten bei der elektrolytischen Oxydation
Gebr. Hörstermann GmbH., Velbert
Entwicklung und Erprobung eines neuartigen Gummibandförderers
1955, 46 Seiten, 18 Abb., DM 9,70

HEFT 121
Dr. H. Krebs, Bonn
I. Die Struktur und die Eigenschaften der Halbmetalle
II. Die Bestimmung der Atomverteilung in amorphen Substanzen
III. Die chemische Bindung in anorganischen Festkörpern und das Entstehen metallischer Eigenschaften
1955, 124 Seiten, 36 Abb., 13 Tabellen, DM 22,90

HEFT 122
Prof. Dr. W. Fuchs, Aachen
Untersuchungen zur Verbesserung der Wasseraufbereitung und Wasseranalyse:
Über die Schnellbewertung von Ionenaustauscher
1955, 62 Seiten, 32 Abb., DM 12,30

HEFT 123
Dipl.-Ing. J. Emondts, Aachen
Über Bodenverformungen bei stark gestörtem und mächtigem, wasserführendem Deckgebirge im Aachener Steinkohlengebiet
1955, 196 Seiten, 37 Abb., 10 Tabellen, DM 28,80

HEFT 124
Prof. Dr. R. Seyffert, Köln
Wege und Kosten der Distribution der Hausratwaren im Lande Nordrhein-Westfalen
1955, 74 Seiten, 25 Tabellen, DM 9,—

HEFT 125
Prof. Dr. E. Kappler, Münster
Eine neue Methode zur Bestimmung von Kondensations-Koeffizienten von Wasser
1955, 46 Seiten, 11 Abb., 1 Tabelle, DM 9,10

HEFT 126
Prof. Dr.-Ing. J. Mathieu, Aachen
Arbeitszeitvergleich
Grundlagen, Methodik und praktische Durchführung
1955, 70 Seiten, DM 13,—

HEFT 127
Güteschutz Betonstein e. V., Arbeitskreis Nordrhein-Westfalen, Dortmund
Die Betonwaren-Gütesicherung im Lande Nordrhein-Westfalen
1955, 58 Seiten, 15 Abb., 3 Tabellen, DM 11,50

HEFT 128
Prof. Dr. O. Schmitz-DuMont, Bonn
Untersuchungen über Reaktionen in flüssigem Ammoniak
1955, 96 Seiten, 11 Abb., 6 Tabellen, DM 17,75

HEFT 129
Prof. Dr.-Ing. J. Mathieu und Dr. C. A. Roos, Aachen
Die Anlernung von Industriearbeitern
I. Ergebnisse einer grundsätzlichen Untersuchung der gegenwärtigen Industriearbeiter-Kurzanlernung
1955, 106 Seiten, DM 19,70

HEFT 130
Prof. Dr.-Ing. J. Mathieu und Dr. C. A. Roos, Aachen
Die Anlernung von Industriearbeitern
II. Beiträge zur Methodenfrage der Kurzanlernung
1955, 108 Seiten, DM 19,90

HEFT 131
Dr. W. Hoerburger, Köln
Versuche zur Biosynthese von Eiweiß aus Kohlenwasserstoff
1955, 34 Seiten, 2 Abb., DM 6,90

HEFT 132
Prof. Dr. W. Seith, Münster
Über Diffusionserscheinungen in festen Metallen
1955, 42 Seiten, 19 Abb., 4 Tabellen, DM 9,10

HEFT 133
Prof. Dr. E. Jenckel, Aachen
Über einen für Schwermetalle selektiven Ionenaustauscher
1955, 48 Seiten, 8 Abb., 13 Tabellen, DM 9,50

HEFT 134
Prof. Dr.-Ing. H. Winterhager, Aachen
Über die elektrochemischen Grundlagen der Schmelzfluß-Elektrolyse von Bleisulfid in geschmolzenen Mischungen mit Bleichlorid
1955, 54 Seiten, 20 Abb., 5 Tabellen, DM 11,80

HEFT 135
Prof. Dr.-Ing. K. Krekeler und Dr.-Ing. H. Peukert, Aachen
Die Änderung der mechanischen Eigenschaften thermoplastischer Kunststoffe durch Warmrecken
1955, 54 Seiten, 27 Abb., DM 11,10

HEFT 136
Dipl.-Phys. P. Pilz, Remscheid
Über spezielle Probleme der Zerkleinerungstechnik von Weichstoffen
1955, 58 Seiten, 19 Abb., 2 Tabellen, DM 11,50

HEFT 137
Prof. Dr. W. Baumeister, Münster
Beiträge zur Mineralstoffernährung der Pflanzen
1955, 64 Seiten, 6 Tabellen, DM 11,80

HEFT 138
Dr. P. Hölemann und Ing. R. Hasselmann, Dortmund
Untersuchungen über die Zersetzungswärme von gasförmigem und in Azeton gelöstem Azetylen
1955, 54 Seiten, 8 Abb., 7 Tabellen, DM 10,40

HEFT 139
Prof. Dr. W. Fuchs, Aachen
Studien über die thermische Zersetzung der Kohle und die Kohlendestillatprodukte
1955, 64 Seiten, 20 Abb., 22 Tabellen, DM 11,80

HEFT 140
Dr.-Ing. G. Hausberg, Essen
Modellversuche an Zyklonen
1955, 78 Seiten, 24 Abb., DM 15,70

HEFT 141
Dr. J. van Calker und Dr. R. Wienecke, Münster
Untersuchungen über den Einfluß dritter Analysenpartner auf die spektrochemische Analyse
1955, 42 Seiten, 15 Abb., DM 9,10

HEFT 142
Dipl.-Ing. G. M. F. Wiebel, Hannover, A. Konermann und A. Ottenheym, Sennelager
Entwicklung eines Kalksandleichtsteines
1955, 38 Seiten, 4 Abb., DM 8,—

HEFT 143
Prof. Dr. F. Wever, Dr. A. Rose und Dipl.-Ing. W. Straßburg, Düsseldorf
Härtbarkeit und Umwandlungsverhalten der Stähle
1955, 50 Seiten, 12 Abb., 3 Tabellen, DM 10,70

HEFT 144
Prof. Dr. H. Wurmbach, Bonn
Steuerung von Wachstum und Formbildung
1955, 48 Seiten, 19 Abb., DM 10,30

HEFT 145
Dr. G. Hennemann, Werdohl (Westf.)
Beitrag zur Interpretation der modernen Atomphysik
1955, 34 Seiten, DM 10,—

HEFT 146
Dr.-Ing. F. Gruß, Düsseldorf
Sterilisation mit Heißluft
1955, 34 Seiten, 10 Abb., DM 7,70

HEFT 147
Dr.-Ing. W. Rudisch, Unna
Untersuchung einer drehelastischen Elektromagnet-Synchronkupplung
1955, 82 Seiten, 65 Abb., DM 17,70

HEFT 148
Prof. Dr. H. Bittel u. Dipl.-Phys. L. Storm, Münster
Untersuchungen über Widerstandsrauschen
1955, 40 Seiten, 5 Abb., DM 8,40

HEFT 149
Dipl.-Ing. K. Konopicky und Dipl.-Chem. P. Kampa, Bonn
I. Beitrag zur flammenphotometrischen Bestimmung des Calciums.
Dr.-Ing. K. Konopicky, Bonn
II. Die Wanderung von Schlackenbestandteilen in feuerfesten Baustoffen
1955, 54 Seiten, 10 Abb., 5 Tabellen, DM 11,—

HEFT 150
Prof. Dr.-Ing. O. Kienzle und Dipl.-Ing. W. Timmerbeil, Hannover
Das Durchziehen enger Kragen an ebenen Fein- und Mittelblechen
1955, 52 Seiten, 20 Abb., 8 Tabellen, DM 11,30

HEFT 151
Dipl.-Ing. P. Karabasch, Aachen
Feststellung des optimalen Gasgehaltes von Bronzen zur Erzielung druckdichter Gußstücke
1956, 64 Seiten, 31 Abb., 5 Tabellen, DM 13,90

HEFT 152
Dipl.-Ing. G. Müller, Köln
Ermittlung der Laufeigenschaften (Vergießbarkeit) von Bronze und Rotguß mittels der Schneider-Gießspirale
1955, 60 Seiten, 33 Abb., DM 13,30

HEFT 153
Prof. Dr. F. Wever, Dr.-Ing. W. A. Fischer und Dipl.-Ing. J. Engelbrecht, Düsseldorf
I. Die Reduktion sauerstoffhaltiger Eisenschmelzen im Hochvakuum mit Wasserstoff und Kohlenstoff
II. Einfluß geringer Sauerstoffgehalte auf das Gefüge und Alterungsverhalten von Reineisen
1955, 54 Seiten, 15 Abb., 2 Tabellen, DM 12,40

HEFT 154
Prof. Dr.-Ing. P. Bardenheuer und Dr.-Ing. W. A. Fischer, Düsseldorf
Die Verschlackung von Titan aus Stahlschmelzen im sauren und basischen Hochfrequenzofen unter verschiedenen Schlacken
1955, 36 Seiten, 10 Abb., 1 Tabelle, DM 7,95

HEFT 155
Dipl.-Phys. K. H. Schirmer, München
Die auf Grau abgestimmte Farbwiedergabe im Dreifarbenbuchdruck
1955, 46 Seiten, 17 Abb., 2 Farbtafeln, DM 10,—

HEFT 156
Prof. Dr.-Ing. B. von Borries und Mitarbeiter, Düsseldorf
Die Entwicklung regelbarer permanentmagnetischer Elektronenlinsen hoher Brechkraft und eines mit ihnen ausgerüsteten Elektronenmikroskopes neuer Bauart
1956, 102 Seiten, 52 Abb., DM 22,55

HEFT 157
Dr. W. Jawtusch, Dr. G. Schuster und Prof. Dr.-Ing. R. Jaeckel, Bonn
Untersuchungen über die Stoßvorgänge zwischen neutralen Atomen und Molekülen
1955, 48 Seiten, 15 Abb., 3 Tabellen, DM 10,50

HEFT 158
Dipl.-Ing. W. Rosenkranz, Meinerzhagen
Ein Beitrag zum Problem der Spannungskorrosion bei Preßprofilen und Preßteilen aus Aluminium-Legierungen
1956, 112 Seiten, 61 Abb., 5 Tabellen, DM 27,40

HEFT 159
Dr.-Ing. O. Viertel und O. Oldenroth, Krefeld
Das Bleichen von Weißwäsche mit Wasserstoffsuperoxyd bzw. Natriumhypochlorit beim maschinellen Waschen
1955, 54 Seiten, 23 Abb., 2 Tabellen, DM 11,45

HEFT 160
Prof. Dr. W. Klemm, Münster
Über neue Sauerstoff- und Fluor-haltige Komplexe
1955, 50 Seiten, 13 Abb., 7 Tabellen, DM 10,80

HEFT 161
Prof. Dr. W. Weltzien und Dr. G. Hauschild, Krefeld
Über Silikone und ihre Anwendung in der Textilveredlung
1955, 162 Seiten, 22 Abb., 10 Tabellen, DM 27,—

HEFT 162
Prof. Dr. F. Wever, Prof. Dr. A. Kochendörfer und Dr.-Ing. Chr. Rohrbach, Düsseldorf
Kennzeichnung der Sprödbruchneigung von Stählen durch Messung der Fließspannung, Reißspannung und Brucheinschnürung an dreiachsig beanspruchten Proben
1955, 58 Seiten, 26 Abb., DM 13,—

HEFT 163
Dipl.-Ing. W. Rohs und Text.-Ing. H. Griese, Bielefeld
Untersuchungsarbeiten zur Verbesserung des Leinenwebstuhls III
1955, 80 Seiten, 15 Abb., 18 Tabellen, DM 15,80

HEFT 164
Dr.-Ing. H. Schmachtenberg, Köln
Neuartige Prüfeinrichtungen für Kraftfahrzeuge
1955, 44 Seiten, 23 Abb., DM 9,60

HEFT 165
Dr.-Ing. W. Wilhelm, Aachen
Instationäre Gasströmung im Auspuffsystem eines Zweitaktmotors
1955, 62 Seiten, 31 Abb., 8 Tabellen, DM 13,60

HEFT 166
Prof. Dr. M. v. Stackelberg, Dr. H. Heindze, Dr. H. Hübschke und Dr. K. H. Frangen, Bonn
Kolloidchemische Untersuchungen
1955, 106 Seiten, 8 Abb., 13 Tabellen, DM 21,25

HEFT 167
Prof. Dr.-Ing. F. Schuster, Essen
I. Über die Heißkarburierung von Brenngasen mit Ölen und Teeren
II. Die Strahlungsvorgänge in brennstoffbeheizten Öfen bei verschiedenen Verbrennungsatmosphären
1955, 38 Seiten, 8 Abb., DM 8,30

HEFT 168
Prof. Dr.-Ing. F. Schuster, Essen
I. Luftvorwärmung an Gasfeuerungen
II. Heizwerthöhe von Brenngasen und Wirkungsgrad sowie Gasverbrauch bei der Gasverwendung
III. Sauerstoffangereicherte Luft und feuerungstechnische Kenngrößen von Brenngasen
1955, 60 Seiten, 18 Abb., DM 12,50

HEFT 169
Forschungsinstitut für Pigmente und Lacke, Stuttgart
Arbeiten über die Bestimmung des Gebrauchswertes von Lackfilmen durch physikalische Prüfungen
1955, 70 Seiten, 23 Abb., 4 Tabellen, DM 15,—

HEFT 170
Prof. Dr. F. Wever, Dr. A. Rose und Dipl.-Ing L. Rademacher, Düsseldorf
Anwendung der Umwandlungsschaubilder auf Fragen der Werkstoffauswahl beim Schweißen und Flammhärten
1955, 64 Seiten, 25 Abb., DM 13,70

WESTDEUTSCHER VERLAG · KÖLN UND OPLADEN

HEFT 171
Wäschereiforschung Krefeld
Untersuchung der Wäscheentwässerung mit Hilfe von Zentrifugen und Pressen
1955, 42 Seiten, 16 Abb., 4 Tabellen, DM 9,70

HEFT 172
Dipl.-Ing. W. Rohs, Dr.-Ing. G. Satlow und Text.-Ing. G. Heller, Bielefeld
Trocknung von Hanfgarnen. Kreuzspultrocknung
1955, 60 Seiten, 7 Abb., 4 Tabellen, DM 10,30

HEFT 173
Prof. Dr. R. Hosemann und Dipl.-Phys. G. Schoknecht, Berlin, vorgelegt von Prof. Dr. W. Kast, Krefeld
Lichtoptische Herstellung und Diskussion der Faltungsquadrate parakristalliner Gitter
1956, 108 Seiten, 63 Abb., 6 Tabellen, DM 24,70

HEFT 174
Prof. Dr. W. von Fragstein, Dr. J. Meingast und H. Hoch, Köln
Herstellung von Solen einheitlicher Teilchengröße und Ermittlung ihrer optischen Eigenschaften
1955, 78 Seiten, 80 Abb., 4 Tabellen, DM 18,25

HEFT 175
Dr.-Ing. H. Zeller, Aachen
Beitrag zur eindimensionalen stationären und nichtstationären Gasströmung mit Reibung und Wärmeleitung, insbesondere in Rohren mit unstetigen Querschnittsänderungen.
1956, 138 Seiten, 56 Abb., DM 29,30

HEFT 176
Dipl.-Ing. H. Schöberl, Duisburg
Über die Methoden zur Ermittlung der Verbrennungstemperatur von Brennstoffen und ein Vorschlag zu ihrer Verbesserung
1955, 30 Seiten, 3 Abb., DM 6,50

HEFT 177
Dipl.-Ing. H. Stüdemann, Solingen, und Dr.-Ing. W. Müchler, Essen
Entwicklung eines Verfahrens zur zahlenmäßigen Bestimmung der Schneideigenschaften von Messerklingen
1956, 104 Seiten, 68 Abb., 4 Tabellen, DM 22,20

HEFT 178
Prof. Dr. M. von Stackelberg u. Dr. W. Hans, Bonn
Untersuchungen zur Ausarbeitung und Verbesserung von polarographischen Analysenmethoden
1955, 46 Seiten, 14 Abb., DM 10,50

HEFT 179
Dipl.-Ing. H. F. Reineke, Bochum
Entwicklungsarbeiten auf dem Gebiete der Meß- und Regeltechnik
1955, 46 Seiten, 10 Abb., DM 10,—

HEFT 180
Dr.-Ing. W. Piepenburg, Dipl.-Ing. B. Bühling und Bauing. J. Behnke, Köln
Putzarbeiten im Hochbau und Versuche mit aktiviertem Mörtel und mechanischem Mörtelauftrag
1955, 116 Seiten, 31 Abb., 68 Tabellen, DM 23,—

HEFT 181
Prof. Dr. W. Franz, Münster
Theorie der elektrischen Leitvorgänge in Halbleitern und isolierenden Festkörpern bei hohen elektrischen Feldern
1955, 28 Seiten, 2 Abb., 1 Tabelle, DM 6,20

HEFT 182
Dr.-Ing. P. Schenk u. Dr. K. Osterloh, Düsseldorf
Katalytisch-thermische Spaltung von gasförmigen und flüssigen Kohlenwasserstoffen zur Spitzengaserzeugung
1955, 50 Seiten, 11 Abb., 11 Tabellen, DM 10,90

HEFT 183
Dr. W. Bornheim, Köln
Entwicklungsarbeiten an Flaschen- und Ampullen-Behandlungsmaschinen für die pharmazeutische Industrie
1956, 48 Seiten, 24 Abb., DM 11,70

HEFT 184
Dr.-Ing. E. Printz, Kettwig
Vollhydraulische Parallel-Kupplung für Ackerschlepper
1955, 32 Seiten, 4 Abb., DM 7,80

HEFT 185
Dipl.-Ing. W. Rohs und Text.-Ing. G. Heller, Bielefeld
Studien an einem neuzeitlichen Kreuzspultrockner für Bastfasergarne mit Wiederbefeuchtungszone
1955, 52 Seiten, 9 Abb., 3 Tabellen, DM 10,70

HEFT 186
Dr. E. Wedekind, Krefeld
Untersuchungen zur Arbeitsbestgestaltung bei der Fertigstellung von Oberhemden in gewerblichen Wäschereien
1955, 124 Seiten, 28 Abb., 6 Tabellen, 2 Falttaf., DM 12,—

HEFT 187
Dipl.-Ing. F. Göttgens, Essen
Über die Eigenarten der Bimetall-, Thermo- und Flammenionisationssicherungsmethode in ihrer Anwendung auf Zündsicherungen
1955, 40 Seiten, 6 Abb., 4 Tabellen, DM 8,40

HEFT 188
W. Kinnebrock, Langenberg (Rhld.)
Der Einfluß des Austausches gleicher Gaskochbrenner bzw. Gaskochbrennerteile auf den Wirkungsgrad und insbesondere auf den CO-Gehalt der Verbrennungsgase
1955, 42 Seiten, 7 Tabellen, DM 8,70

HEFT 189
Fa. E. Leybold's Nachfolger, Köln
I. Ausgewählte Kapitel aus der Vakuumtechnik
II. Zum Verlust anorganisch-nichtflüchtiger Substanzen während der Gefriertrocknung
1955, 52 Seiten, 16 Abb., 3 Tabellen, DM 11,20

HEFT 190
Prof. Dr. A. Neuhaus, Prof. Dr. O. Schmitz-DuMont und Dipl.-Chem. H. Reckhard, Bonn
Zur Kenntnis der Alkalititanate
1955, 60 Seiten, 13 Abb., 1 Tabelle, DM 12,20

HEFT 191
Dr. H. Söhngen, Darmstadt
Schwingungsverhalten eines Schaufelkranzes im Vakuum *1955, 36 Seiten, 7 Abb., DM 7,80*

HEFT 192
Dipl.-Phys. E. M. Schneider, München
Kohlebogenlampen für Aufnahme und Kopie
1955, 48 Seiten, 21 Abb., 3 Tabellen, DM 10,60

HEFT 193
Prof. Dr. O. Schmitz-DuMont, Bonn
Untersuchungen über neue Pigmentfarbstoffe
1956, 50 Seiten, 16 Abb., 8 Tabellen, DM 11,20

HEFT 194
Dr. K. Hecht, Köln
Entwicklung neuartiger physikalischer Unterrichtsgeräte *1955, 42 Seiten, 16 Abb., DM 9,90*

HEFT 195
Dr.-Ing. E. Rößger, Köln
Gedanken über einen neuen deutschen Luftverkehr
1955, 342 Seiten, 29 Abb., 122 Tabellen, DM 50,—

HEFT 196
Dipl.-Ing. W. Rohs und Text.-Ing. H. Griese, Bielefeld
Auswirkungen von Garnfehlern bei der Verarbeitung von Leinengarnen
1955, 36 Seiten, 3 Abb., 6 Tabellen, DM 7,80

HEFT 197
Dr. E. Wedekind, Krefeld
Untersuchungen zur Bestimmung der optimalen Arbeitsplatzgröße bei Mehrstuhlarbeit in der Weberei
1955, 92 Seiten, 34 Abb., DM 18,50

HEFT 198
Prof. Dr. J. Weissinger, Karlsruhe
Zur Aerodynamik des Ringflügels. Die Druckverteilung dünner, fast drehsymmetrischer Flügel in Unterschallströmung *1955, 42 Seiten, 5 Abb., DM 9,—*

HEFT 199
Textilforschungsanstalt Krefeld
Die Messung von Gewebetemperaturen mittels Temperaturstrahlung
1955, 50 Seiten, 12 Abb., DM 10,90

HEFT 200
R. Seipenbusch, Langenberg (Rhld.)
Spitzengas durch Zusatz von Flüssiggas-Wassergas- und Flüssiggas-Generatorgas-Gemischen zu Stadtgas
1955, 48 Seiten, 21 Tabellen, DM 10,35

HEFT 201
Dr.-Ing. E. W. Pleines, Frankfurt/Main
Die Sicherheit im Luftverkehr
1956, 194 Seiten, 39 Abb., 19 Tabellen, DM 39,50

HEFT 202
Dipl.-Ing. D. Fiecke, Stuttgart/Zuffenhausen
Die Bestimmung der Flugzeugpolaren für Entwurfszwecke. I Teil: Unterlagen
1956, 216 Seiten, 171 Diagr., DM 59,70

HEFT 203
Dr. G. Wandel, Bonn
Uferbewachsung und Lebendverbauung an den Nordwestdeutschen Kanälen und ihren Zuflüssen sowie an der Ruhr *1956, 122 Seiten, 88 Abb., DM 25,70*

HEFT 204
Dipl.-Ing. B. Naendorf, Langenberg (Rhld.)
Bestimmung der Brenneigenschaften und des Brennverhaltens verschiedener Gasarten und Einfluß verschiedener Düsengestaltung
1955, 32 Seiten, DM 7,10

HEFT 205
Dr. C. Schaarwächter, Düsseldorf
Über plastische Kupfer-Eisen-Phosphor-Legierungen
1936, 36 Seiten, 10 Abb., 10 Tabellen, DM 8,30

HEFT 206
Dr. P. Hölemann, Ing. R. Hasselmann und Ing. G. Dix, Dortmund
Untersuchungen über die Vorgänge bei der Zersetzung von in Azeton gelöstem Azetylen
1956, 74 Seiten, 7 Abb., 7 Tabellen, DM 15,55

HEFT 207
Prof. Dr.-Ing. H. Opitz, Dipl.-Ing. K. H. Fröhlich und Dipl.-Ing. H. Siebel, Aachen
Richtwerte für das Fräsen von unlegierten und legierten Baustählen mit Hartmetall. I. Teil
1956, 48 Seiten, 27 Abb., 3 Tabellen, DM 11,10

HEFT 208
Prof. Dr.-Ing. H. Müller, Essen
Untersuchung von Elektrowärmegeräten für Laienbedienung hinsichtlich Sicherheit und Gebrauchsfähigkeit. I. Untersuchungen an Kochplatten
1956, 100 Seiten, 76 Abb., 7 Tabellen, DM 22,70

HEFT 209
Dr. K. Bunge, Leverkusen
Materialabbau in Funkenentladungen. Untersuchungen an Zinkkathoden
1956, 54 Seiten, 10 Abb., 5 Tabellen, DM 11,40

HEFT 210
Dr. W. Porschen und Prof. Dr. W. Riezler, Bonn
Langlebige Alphaaktivitäten bei natürlichen Elementen
1955, 40 Seiten, 5 Abb., 4 Tabellen, DM 8,80

HEFT 211
Prof. Dipl.-Ing. W. Sturtzel und Dr.-Ing. W. Graff, Duisburg
Die Versuchsanstalt für Binnenschiffbau, Duisburg
1956, 48 Seiten, 22 Abb., 11,—

HEFT 212
Dipl.-Ing. H. Spodig, Selm
Untersuchung zur Anwendung der Dauermagnete in der Technik *1955, 44 Seiten, 25 Abb., DM 9,80*

HEFT 213
Dipl.-Ing. K. F. Rittinghaus, Aachen
Zusammenstellung eines Meßwagens für Bau- und Raumakustik *in Vorbereitung*

HEFT 214
Dr.-Ing. J. Endres, München
Berechnung der optimalen Leistungen, Kraftstoffverbräuche und Wirkungsgrade von Einkreis-Turbolader-Strahltriebwerken am Boden und in der Höhe bei Fluggeschwindigkeiten von 0—2000 km/h
1956, 72 Seiten, 18 Abb., 8 Tabellen, DM 15,40

HEFT 215
Prof. Dr.-Ing. H. Opitz und Dr.-Ing. G. Weber, Aachen
Einfluß der Wärmebehandlung von Baustählen auf Spanentstehung, Schnittkraft- und Standzeitverhalten
1956, 80 Seiten, 30 Abb., 10 Tabellen, DM 18,40

HEFT 216
Dr. E. Kloth, Köln
Untersuchungen über die Ausbreitung kurzer Schallimpulse bei der Materialprüfung mit Ultraschall
1956, 90 Seiten, 60 Abb., 4 Tabellen, DM 19,40

HEFT 217
Rationalisierungskuratorium der Deutschen Wirtschaft (RKW), Frankfurt/Main
Typenvielzahl bei Haushaltgeräten und Möglichkeiten einer Beschränkung
1956, 328 Seiten, 2 Abb., 181 Tabellen, DM 49,50

HEFT 218
Dr. F. Keune, Aachen
Bericht über eine Theorie der Strömung um Rotationskörper ohne Anstellung bei Machzahl Eins
1955, 40 Seiten, 8 Abb., 5 Formelblätter, DM 8,80

WESTDEUTSCHER VERLAG · KÖLN UND OPLADEN

HEFT 219
Prof. Dr. W. Fuchs, Aachen
Untersuchungen zur Holzabfallverwertung und zur Chemie des Lignins
1955, 54 Seiten, 11 Abb., 15 Tabellen DM 11,40

HEFT 220
Prof. Dr. W. Fuchs, Aachen
Die Entwicklung neuer Regel- und Kontroll-Apparate zur coulometrischen Analyse
1956, 76 Seiten, 17 Abb. 23 Tabellen, DM 15,50

HEFT 221
Dr. W. Meyer-Eppler, Bonn
Experimentelle Untersuchungen zum Mechanismus von Stimme und Gehör in der lautsprachlichen Kommunikation *1955, 56 Seiten, 24 Abb., DM 13,45*

HEFT 222
Dr. L. Köllner, Münster, und Dipl.-Volkswirt M. Kaiser, Bochum
Die internationale Wettbewerbsfähigkeit der westdeutschen Wollindustrie *1956, 214 Seiten, DM 39,50*

HEFT 223
Dr.-Ing. K. Alberti und Dr. F. Schwarz, Köln
Über das Problem Hartbrand-Weichbrand
1956, 54 Seiten, 25 Abb., 14 Tabellen, DM 12,10

HEFT 224
Dipl.-Ing. H. Stüdeman und Ing. R. Beu, Solingen
Verfahren zur Prüfung der Korrosionsbeständigkeit von Messerklingen aus rostfreiem Stahl
1956, 82 Seiten, 28 Abb., DM 16,90

HEFT 225
Dr.-Ing. E. Barz, Remscheid
Der Spannungszustand von Gattersägeblättern
1956, 74 Seiten, 54 Abb., DM 16,50

HEFT 226
Technisch-wissenschaftliches Büro für die Bastfaserindustrie, Bielefeld
Untersuchungen zur Verbesserung des Leinenwebstuhles IV
Die Wirkung verschiedener Kettbaumbremsen auf die Verwebung von Leinengarnen
1956, 64 Seiten, 9 Abb., 4 Tabellen, DM 13,50

HEFT 227
Prof. Dr. F. Wever, Düsseldorf und Dr. W. Wepner, Köln
Untersuchung der Alterungsneigung von weichen unlegierten Stählen durch Härteprüfung bei Temperaturen bis 300 Grad C
1956, 34 Seiten, 20 Abb., 3 Tabellen, DM 7,95

HEFT 228
Prof. Dr. F. Wever, Dr. W. Koch, Düsseldorf, und Dr. B. A. Steinkopf, Dortmund
Spektrochemische Grundlagen der Analyse von Gemischen aus Kohlenmonoxyd, Wasserstoff und Stickstoff *1956, 42 Seiten, 18 Abb., 1 Tabelle, DM 9,90*

HEFT 229
Prof. Dr. F. Wever, Dr. W. Koch und Dr.-Ing. H. Malissa, Düsseldorf
Über die Anwendung disubstituierter Dithiocarbamate der analytischen Chemie
1956, 44 Seiten, 30 Abb., 5 Tabellen, DM 10,50

HEFT 230
Prof. Dr. F. Wever, Düsseldorf, und Dr. W. Wepner, Köln
Bestimmung kleiner Kohlenstoffgehalte im Alpha-Eisen durch Dämpfungsmessung
1956, 34 Seiten, 5 Abb., 2 Tabellen, DM 7,70

HEFT 231
Dr.-Ing. W. Küch, Dortmund
Über die Wechselwirkung zwischen Holzschutzbehandlung und Verleimung
1956, 48 Seiten, 10 Abb., 8 Tabellen, DM 10,40

HEFT 232
Prof. Dr.-Ing. O. Kienzle, Hannover, und Dr.-Ing. H. Münnich, Schweinfurt
Feststellung der Spannungen und Dehnungen und Bruchdrehzahlen der unter Fliehkraft und Bearbeitungskraft beanspruchten Schleifkörper
in Vorbereitung

HEFT 233
Dr. H. Haase, Hamburg
Infrarot-Bibliographie *1956, 90 Seiten, DM 17,80*

HEFT 234
Dr.-Ing. K. G. Speith und Dr.-Ing. A. Bungeroth, Duisburg
Versuche zur Steigerung des Kokillen-Schluckvermögens beim Stranggießen von Stahl
1956, 26 Seiten, 5 Abb., DM 6,15

HEFT 235
Prof. Dr.-Ing. K. Leist und Dipl.-Ing. W. Dettmering, Aachen
Turbinenschaufeln aus Kunststoff für Kaltluftversuchsanlagen
1956, 46 Seiten, 43 Abb., 3 Tabellen, DM 12,30

HEFT 236
Dr.-Ing. O. Viertel und S. Lucas, Krefeld
Ergebnisse einer Hausfrauenbefragung über Wascheinrichtungen und Waschmethoden in städtischen Haushaltungen
1956, 34 Seiten, 4 Abb., DM 7,60

HEFT 237
Dr. P. Endler und Dr. H. Ludes, Köln
Bericht über eine Studienreise zur Orientierung der heutigen Behandlung der Lungentuberkulose in den Vereinigten Staaten von Nordamerika
1956, 32 Seiten, DM 7,10

HEFT 238
Institut für textile Meßtechnik, M-Gladbach, e. V.
Untersuchungen der Verzugsvorgänge an den Streckwerken verschiedener Spinnereimaschinen. 3. Bericht: Theoretische Betrachtungen über den Einfluß schlagender Zylinder und Druckrollen
1956, 66 Seiten, 21 Abb., DM 14,10

HEFT 239
Prof. Dr.-Ing. K. Leist und Dipl.-Ing. H. Scheele, Aachen, und Dipl.-Ing. F. H. Flottmann, Herne
Versuche an einem neuartigen luftgekühlten Hochleistungs-Kolbenkompressor
1956, 72 Seiten, 19 Abb., 7 Tabellen, DM 14,40

HEFT 240
Prof. Dr.-Ing. K. Leist und Dipl.-Ing. H. Scheele, Aachen
Temperaturmessungen an einem einstufigen luftgekühlten 4-Zylinder-Kolbenkompressor mit Kühlgebläse *1956, 74 Seiten, 36 Abb., DM 14,80*

HEFT 241
Prof. Dr.-Ing. K. Leist und Dipl.-Ing. M. Pötke, Aachen
Leistungsversuche an einem Kühlluftgebläse
1956, 60 Seiten, 13 Abb., DM 11,70

HEFT 242
Prof. Dr.-Ing. K. Leist und Dipl.-Ing. K. Graf, Aachen
Straßenfahrzeuge mit Gasturbinenantrieb
1956, 82 Seiten, 63 Abb., DM 17,20

HEFT 243
Prof. Dr.-Ing. K. Leist und Dipl.-Ing. S. Förster, Aachen
Die französische Kleingasturbine Artouste — 1. Teil
1956, 80 Seiten, 41 Abb., DM 15,85

HEFT 244
Prof. Dr. F. Wever, Dr. W. Koch und Dr. S. Eckhard, Düsseldorf
Erfahrungen mit der spektrochemischen Analyse von Gefügebestandteilen des Stahles
1956, 32 Seiten, 8 Abb., 2 Tabellen, DM 7,80

HEFT 245
Prof. Dr.-Ing. habil. K. Krekeler, Aachen
Das Verbinden von Metallen durch Kunstharzkleber. Teil I: Eigenschaften und Verwendung der Metallklebstoffe *1956, 48 Seiten, 8 Abb., DM 10,25*

HEFT 246
Prof. Dr.-Ing. habil. K. Krekeler, Aachen
Das Verbinden von Metallen durch Kunstharzkleber. Teil II: Untersuchungen an geklebten Leichtmetall-Verbindungen *1956, 80 Seiten, 40 Abb., DM 17,50*

HEFT 247
Dr. H. Söhngen, Darmstadt
Strömung vor einem Überschall-Laufrad
1956, 26 Seiten, 4 Abb., DM 7,60

HEFT 248
Rheinische Aktiengesellschaft für Braunkohlenbergbau und Brikettfabrikation, Köln
Untersuchung der Bindemitteleigenschaften von Braunkohlenteraschen
1956, 176 Seiten, 26 Abb., 30 Tabellen, DM 35,60

HEFT 249
Dr. M.-E. Meffert, Essen
Weitere Kulturversuche Scenedesmus obliquus
1956, 36 Seiten, 5 Abb., 10 Tabellen, DM 8,—

HEFT 250
Dr. F. Schwarz und Dr.-Ing. K. Alberti, Köln
Entwicklung von Untersuchungsverfahren zur Gütebeurteilung von Industriekalken
1956, 36 Seiten, 9 Abb., DM 16,50

HEFT 251
Prof. Dr. H. Bittel, Münster
Zur Statistik der ferromagnetischen Elementarvorgänge und ihren Einfluß auf das Barkhausenrauschen
1956, 52 Seiten, 14 Abb., DM 11,65

HEFT 252
Dipl.-Ing. H. Frings, Geilenkirchen
Die Wirkung abfallender Wetterführung auf Wettertemperatur, Grubengasgehalt und Staubbildung
in Vorbereitung

HEFT 253
Dipl.-Ing. S. Schirmanski, Berghausen
Stand und Auswertung der Forschungsarbeiten über Temperatur- und Feuchtigkeitsgrenzen bei der bergmännischen Arbeit
in Vorbereitung

HEFT 254
Prof. Dr. R. Danneel, Bonn
Quantitative Untersuchungen über die Entwicklung des Ehrlich-Ascitestumors bei Inzuchtmäusen
1956, 52 Seiten, 17 Tabellen, DM 11,75

HEFT 255
Ing. B. v. Schlippe, Bad Nauheim
Strömung von Flüssigkeiten mit temperaturabhängiger Zähigkeit (Kühlung von Öfen)
1956, 54 Seiten, 12 Abb., 4 Tabellen, DM 11,70

HEFT 256
Prof. Dr. C. Schmieden und Dipl.-Math. K. H. Müller, Darmstadt
Die Strömung einer Quellstrecke im Halbraum — eine strenge Lösung der Navier-Stokes-Gleichungen
1956, 40 Seiten, 9 Abb., DM 8,80

HEFT 257
Prof. Dr. G. Lehmann und Dr. J. Tamm, Dortmund
Die Beeinflussung vegetativer Funktionen des Menschen durch Geräusche
1956, 48 Seiten, 25 Abb., 3 Tabellen, DM 11,20

HEFT 258
Dr. H. Paul, Linz (Rhein), und Prof. Dr. O. Graf, Dortmund
Zur Frage der Unfälle im Bergbau
1956, 52 Seiten, 9 Abb., 22 Tabellen, DM 11,20

HEFT 259
Prof. D. W. Linke, Aachen
Strömungsvorgänge in künstlich belüfteten Räumen
1956, 52 Seiten, 37 Abb., 1 Tabelle, DM 11,80

HEFT 260
Prof. Dr. W. Kast, Freiburg (Br.), Prof. Dr. A. H. Stuart und Dipl.-Phys. H. G. Fendler, Hannover
Lichtzerstreuungsmessungen an Lösungen hochpolymerer Stoffe
1956, 70 Seiten, 25 Abb., 5 Tabellen, DM 15,60

HEFT 261
Prof. Dr. W. Kast, Freiburg (Br.)
Feinstruktur-Untersuchungen an künstlichen Zellulosefasern verschiedener Herstellungsverfahren.
Teil II: Der Kristallisationszustand
1956, 80 Seiten, 27 Abb., 11 Tabellen, DM 17,20

HEFT 262
Dr.-Ing. W. Batel, Aachen
Untersuchungen zur Absiebung feuchter, feinkörniger Haufwerke und Schwingsieben
1956, 100 Seiten, 45 Abb., 5 Tabellen, DM 23,40

HEFT 263
Prof. Dr. H. Lange und Dipl.-Phys. R. Kohlhaas, Köln
Über die Wärmeleitfähigkeit von Stählen bei hohen Temperaturen: Teil I: Literaturbericht
1956, 48 Seiten, 26 Abb., 8 Tabellen, DM 10,70

HEFT 264
Prof. Or. W. Weizel, Bonn
Durch schnelle Funkenzusammenbrüche ausgelöste Signale auf einer Leitung
1956, 26 Seiten, 4 Abb., 3 Tabellen, DM 6,10

HEFT 265
Prof. Dr. F. Micheel und Dr. R. Engel, Münster
Eine Apparatur zur elektrophoretischen Trennung von Stoffgemischen
1956, 38 Seiten, 21 Abb., DM 9,20

HEFT 266
Fliesen-Beratungsstelle Bad Godesberg-Mehlem
Güteeigenschaften keramischer Wand- und Bodenfliesen und deren Prüfmethoden
1956, 32 Seiten, DM 7,10

HEFT 267
Prof. Dr. W. Weizel und B. Brandt, Bonn
Zur Stabilität stromstarker Glimmentladungen
1956, 36 Seiten, 7 Abb., DM 8,40

HEFT 268
Prof. Dr.-Ing. G. Vogelpohl, Göttingen
Über die Tragfähigkeit von Gleitlagern und ihre Berechnung
1956, 76 Seiten, 24 Abb., 7 Tabellen, DM 16,85

HEFT 269
Markscheider R. Bals, Bochum
Eignung des Gebirgsankerausbaus zur Erleichterung des Streckenvortriebs im Steinkohlenbergbau
1956, 84 Seiten, 41 Abb., DM 18,75

HEFT 270
Dr. H. Krebs und Mitarbeiter, Bonn
Die Trennung von Racematen auf chromatographischem Wege
1956, 62 Seiten, 18 Tabellen, DM 12,95

HEFT 271
Prof. Dr.-Ing. H. Opitz und Dipl.-Ing. H. Axer, Aachen
Beeinflussung des Verschleißverhaltens bei spanenden Werkzeugen durch flüssige und gasförmige Kühlmittel und elektrische Maßnahmen
1956, 46 Seiten, 28 Abb., DM 10,70

HEFT 272
Prof. Dr. W. Fuchs und Dr. H. Dresia, Aachen
Untersuchungen über die Schnellverbrennung und Schnellvergasung fester Brennstoffe
1956, 56 Seiten, 14 Abb., 3 Tabellen, DM 11,90

HEFT 273
Fa. K. W. Tacke G.m.b.H., Wuppertal-Barmen
Erfahrungen beim Verspinnen von Perlonfasern und bei der Herstellung von Trikotagen aus gesponnenem Perlon
1956, 36 Seiten, DM 7,90

HEFT 274
Prof. Dr.-Ing. K. Krekeler, Aachen
Qualitative Untersuchungen bei Verbindungsschweißungen mittels Lichtbogenschweißautomaten unter Verwendung von Blankdraht und Zugabe von ferromagnetischem Pulver als Umhüllung
1956, 68 Seiten, 40 Abb., 8 Tabellen, DM 15,45

HEFT 275
Prof. Dr.-Ing. habil. K. Krekeler, Aachen, und Dipl.-Ing. H. Verhoeven, Aachen
Quantitative Untersuchungen von Punktschweißverbindungen an Tiefzieh- und Aluminiumblechen, die nach dem Argonarc-Punktschweißverfahren hergestellt werden
1956, 64 Seiten, 45 Abb., DM 14,60

HEFT 276
Fa. E. Haage, Mülheim (Ruhr)
Entwicklungsarbeiten im Apparatebau für Laboratorien
1956, 48 Seiten, 18 Abb., DM 10,50

HEFT 277
Dr.-Ing. W. Müchler, Essen
Untersuchung und zahlenmäßige Bestimmung der Schneideigenschaften von Messern und besonderer Berücksichtigung rostfreier Messerstähle
1956, 60 Seiten, 27 Abb., 5 Tabellen, DM 13,20

HEFT 278
Dipl.-Ing. J. Stelter und Dipl.-Ing. H. Kickert, Aachen
I. Sichtbarmachung von Ultraschallfeldern unter Verwendung photographischer Emulsionsschichten
II. Methode zur Bestimmung der wirklichen Temperaturverhältnisse in Flüssigkeiten während der Beschallung (Nach einer Diplom-Arbeit von H. Schnitzler)
1956, 54 Seiten, 24 Abb., DM 12,75

HEFT 279
Dr. F. Keune, Aachen
Der gewölbte und verwundene Tragflügel ohne Dicke in Schallnähe
1956, 42 Seiten, 15 Abb., DM 9,25

HEFT 280
Dipl.-Ing. J. Stelter und Dipl.-Ing. E. Pfende, Aachen
Über Störerscheinungen bei Schallgeschwindigkeitsmessungen mittels der Interferometermethode
1956, 42 Seiten, 13 Abb., DM 9,60

HEFT 281
Prof. Dr.-Ing. K. Lürenbaum, Aachen
Der Meßwagen des Instituts für Maschinen-Dynamik der Deutschen Versuchsanstalt für Luftfahrt, Aachen
1956, 34 Seiten, 17 Abb., DM 8,60

HEFT 282
Bergrat a. D. Scherer, Bochum
Das B. T.-Schwelverfahren und seine Anwendung auf der Anlage Marienau
1956, 44 Seiten, 7 Abb., DM 9,60

HEFT 283
Prof. Dr. F. Wever und Dr.-Ing. W. Lueg, Düsseldorf
Warmstauchversuche zur Ermittlung der Formänderungsfestigkeit von Gesenkschmiede-Stählen
1956, 44 Seiten, 19 Abb., DM 9,90

Heft 284
Prof. Dr. F. Wever, Düsseldorf, Dr.-Ing. H. J. Wiester, Essen, Dr.-Ing. F. W. Straßburg, Duisburg, Prof. Dr.-Ing. H. Opitz, Aachen, und Dr.-Ing. K. H. Fröhlich, Köln
Einfluß des Gefüges auf die Zerspanbarkeit von Einsatz- und Vergütungsstählen
in Vorbereitung

HEFT 285
Prof. Dr.-Ing. O. Kienzle, Dr.-Ing. K. Lange, Hannover, und Dipl.-Ing. H. Meinert, Osterode
Einfluß der Oberfläche auf das Verschleißverhalten von Schmiedegesenken
1956, 62 Seiten, 29 Abb., 8 Tabellen, DM 14,60

HEFT 286
Dr.-Ing. K. Lange, Hannover, Dipl.-Ing. H. Meinert, Osterode, unter Mitarbeit von Dr.-Ing. H. Arend, Mülheim (Ruhr)
Verschleißverhalten hartverchromter Schmiedegesenke
1956, 74 Seiten, 53 Abb., 6 Tabellen, DM 17,65

HEFT 287
Prof. Dr.-Ing. habil. K. Krekeler, Aachen
Änderungen der mechanischen Eigenschaftswerte thermoplastischer Kunststoffe bei Beanspruchung in verschiedenen Medien
1956, 62 Seiten, 23 Abb., 5 Tabellen, DM 13,70

HEFT 288
Dr. K. Brücker-Steinkuhl, Düsseldorf
Anwendung mathematisch-statischer Verfahren in der Industrie
1956, 103 Seiten, 27 Abb., 14 Tabellen, DM 24,20

HEFT 289
Prof. Dr.-Ing. H. Winterhager, Aachen
Kombinierter Widerstands- und Lichtbogen-Vakuumofen zur Verarbeitung von Titanschwamm
Prof. Dr. Dr. h. c. R. Schwarz, Aachen
Erforschung neuer Wege zur Darstellung von Titanmetall
in Vorbereitung

HEFT 290
Dr. D. Horstmann, Düsseldorf
I. Der verstärkte Angriff des Zinks auf Eisen im Temperaturgebiet um 500° C
II. Einfluß eines Antimongehaltes auf den Angriff von Zinkschmelzen auf Eisen
1956, 48 Seiten, 33 Abb., 3 Tabellen, DM 11,90

HEFT 291
Dr.-Ing. H. J. Wiester und Dr. D. Horstmann, Düsseldorf
Der Angriff eisengesättigter Zinkschmelzen auf silizium- und manganhaltiges Eisen
1956, 52 Seiten, 45 Abb., 8 Tabellen, DM 12,60

HEFT 292
Dipl.-Ing. W. Rohs und Text.-Ing. H. Griese, Bielefeld
Webversuche an Leinenwebstühlen mit verbesserter Schaftbewegung
1956, 34 Seiten, 3 Abb., 2 Tabellen, DM 7,60

HEFT 293
Prof. J. W. Korte, unter Mitarbeit von Dipl.-Ing. P. A. Mäcke und Dipl.-Ing. W. Leutzbach, Aachen
Die Leistungsfähigkeit von Verkehrsanlagen des motorisierten städtischen Straßenverkehrs
1956, 98 Seiten, 35 Abb., 5 Tabellen, 1 Falttafel, DM 22,50

HEFT 294
Dipl.-Ing. B. Naendorf, Essen
Untersuchungen industrieller Gasbrenner
1956, 58 Seiten, 6 Abb., 3 Tabellen, DM 12,40

HEFT 295
Prof. Dr.-Ing. H. Opitz und Dipl.-Ing. H. Axer, Aachen
Untersuchung und Weiterentwicklung neuartiger elektrischer Bearbeitungsverfahren
1956, 42 Seiten, 27 Abb., DM 10,30

HEFT 296
Prof. Dr.-Ing. H. Opitz, Aachen
I. Untersuchungen an elektronischen Regelantrieben
II. Statische Untersuchungen zur Ausnutzung von Drehbänken
1956, 46 Seiten, 18 Abb., DM 10,40

HEFT 297
Dr. K. Schaarwächter, Düsseldorf
Die Reduktion von Siliziumtetrachlorid im Lichtbogen zur nachfolgenden Silizierung von Eisenblechen
in Vorbereitung

HEFT 298
Prof. Dr.-Ing. E. Oehler, Aachen
Untersuchung von kritischen Drehzahlen, die durch Kreiselmomente verursacht werden
1956, 50 Seiten, 35 Abb., DM 13,15

HEFT 299
Dr. J. Fassbender und W. Hoppe, Bonn
Eine photoelektrische Nachlaufeinrichtung für Analogie-Rechenmaschinen
1956, 20 Seiten, 8 Abb., DM 7,65

HEFT 300
Prof. Dr. E. Schütz und Privatdozent Dr. H. Caspers, Münster
Tierexperimentelle Untersuchungen über die Alkoholwirkungen auf Erregbarkeit und bioelektrische Spontanaktivität der Hirnrinde
1956, 44 Seiten, 6 Abb., 1 Tabelle, DM 9,55

HEFT 301
Prof. Dr. W. Weltzien, Dr. G. Cossmann und P. Diehl, Krefeld
Über die fraktionierte Füllung von Polyamiden (II)
1956, 54 Seiten, 1 Abb., 16 Tabellen, DM 11,30

HEFT 302
Prof. Dr.-Ing. W. Wegener und Dipl.-Ing. Willi Zahn, Aachen
Untersuchungen von gesponnenen Garnen auf ihre Gleichmäßigkeit nach verschiedenen Meßmethoden
in Vorbereitung

HEFT 303
Prof. Dr. Ing. S. Kiesskalt, Aachen
Das Institut für Forschungsgesellschaft Verfahrenstechnik e. V. an der Technischen Hochschule Aachen
1956, 76 Seiten, 20 Abb., 3 Tabellen, DM 16,40

HEFT 304
Prof. Dr.-Ing. K. Krekeler, Düsseldorf, und Dipl.-Ing. A. Kleine-Albers, Aachen
Beitrag zur thermoelastischen Warmformbarkeit von Hart PVC
in Vorbereitung

HEFT 305
Prof. Dr.-Ing. K. Krekeler, Düsseldorf, Dr.-Ing. H. Peukert, Aachen, und Dipl.-Ing. W. Schmitz, Siegburg
Heißgas-Schweißung von Hart-Polyvinylchlorid mit Zusatzwerkstoff
1956, 44 Seiten, 27 Abb., 5 Tabellen, DM 12,50

HEFT 306
Prof. Dr. B. Rensch, Münster
Elektrophysiologische Untersuchungen zur Analysierung der Bildung von Assoziationen und Gedächtnisspuren in Gehirn und Rückenmark
Prof. Dr. A. Loeser, Münster
Akute und chronische Giftwirkungen sauerstoffhaltiger Lösungsmittel
1956, 36 Seiten, 9 Abb., DM 8,90

HEFT 307
Privatdozent Dr. J. Juilfs, Krefeld
Vergleichende Untersuchungen zur elastischen und bleibenden Dehnung von Fasern
1956, 36 Seiten, 11 Abb., DM 8,30

HEFT 308
Privatdozent Dr. J. Juilfs, Krefeld
Zur Messung der Fadenglätte
1956, 22 Seiten, 10 Abb., 2 Tabellen, DM 8,—

HEFT 309
Prof. Dr. K. Cruse und Mitarbeiter, Clausthal-Zellerfeld
Aufbau und Arbeitsweise eines universell verwendbaren Hochfrequenz-Titrationsgerätes
1957, 48 Seiten, 29 Abb., DM 11,90

HEFT 310
Dr. P. F. Müller, Bonn
Die Integrieranlage des Rheinisch-Westfälischen Instituts für Instrumentelle Mathematik in Bonn
1956, 62 Seiten, 6 Abb., 30 Satzskizzen, DM 14,45

HEFT 311
Prof. Dr. F. Wever und Dr. M. Hempel, Düsseldorf
Dauerschwingfestigkeit von Stählen bei erhöhten Temperaturen
Teil I: Erkenntnisse aus bisherigen Dauerschwingversuchen in der Wärme
1956, 48 Seiten, 19 Abb., 2 Tabellen, DM 10,90

HEFT 312
Prof. Dr. F. Wever und Dr. M. Hempel, Düsseldorf
Dauerschwingfestigkeit von Stählen bei erhöhten Temperaturen
Teil II: Zug-Druck-Dauerschwingversuche an zwei warmfesten Stählen bei Temperaturen von 500 bis 650°
1956, 48 Seiten, 20 Abb., 3 Tabellen, DM 11,80

WESTDEUTSCHER VERLAG · KÖLN UND OPLADEN

HEFT 313
*Prof. Dr. F. Wever, Dr. W. Koch und
Dipl.-Phys. H. Rohde, Düsseldorf*
Änderungen des Habitus und der Gitterkonstanten des Zementits in Chromstählen bei verschiedenen Wärmebehandlungen
1956, 88 Seiten, 29 Abb., 8 Tabellen, DM 20,90

HEFT 314
Prof. Dr. F. Wever und Dr.-Ing. A. Krisch, Düsseldorf, und Dr.-Ing. H.-J. Wiester, Essen
Veränderungen im Gefügeaufbau von Chrom-Nickel-Molybdän-Stählen bei langzeitiger Beanspruchung im Zeitstandversuch bei 500°
1956, 48 Seiten, 26 Abb., 5 Tabellen, DM 11,70

HEFT 315
Prof. Dr. F. Wever und Dr.-Ing. A. Krisch, Düsseldorf
Metallkundliche Untersuchungen an Zeitstandproben
1956, 38 Seiten, 12 Abb., DM 9,15

HEFT 316
Dr. F. Keune, Aachen
Zusammenfassende Darstellung und Erweiterung des Aequivalenzsatzes für schallnahe Strömung
1956, 80 Seiten, 22 Abb., DM 17,90

HEFT 317
Dr.-Ing. J. Stelter, Aachen
Mikrobiologische Ultraschallwirkungen
in Vorbereitung

HEFT 318
Dipl.-Ing. H. Kickert, Aachen
Über die Ausbreitung von Ultraschall in Luft
in Vorbereitung

HEFT 319
Prof. Dr. C. Kröger, Aachen
Gemengereaktionen und Glasschmelze
in Vorbereitung

HEFT 320
Dr. H.-E. Caspary, Köln
Verwendung von Szintillationszählern anstelle von Zählrohren zur zerstörungsfreien Materialprüfung
1956, 42 Seiten, 13 Abb., 2 Tabellen, DM 10,10

HEFT 321
*Prof. Dr. F. Wever, Düsseldorf, und
Dr. W. Wepner, Köln*
Gleichzeitige Bestimmung kleiner Kohlenstoff- und Stickstoffgehalte im α-Eisen durch Dämpfungsmessung
1956, 30 Seiten, 3 Abb., 4 Tabellen, DM 6,80

HEFT 322
*Prof. Dr.-Ing. F. Bollenrath und
Dipl.-Ing. W. Domke, Aachen*
Eigenspannungen in vergüteten, dickwandigen Stahlzylindern nach Oberflächenhärtung mit induktiver Erwärmung
1956, 30 Seiten, 9 Abb., 2 Tabellen, DM 6,90

HEFT 323
Prof. Dr. R. Seyffert, Köln
Wege und Kosten der Distribution der Textilien, Schuh- und Lederwaren
1956, 98 Seiten, 37 Tabellen, 1 Falttaf., DM 12,—

HEFT 324
*Prof. Dr.-Ing. H. Opitz, Dr.-Ing. E. Saljé und
Dipl.-Ing. K. E. Schwartz, Aachen*
Richtwerte für das Außenrund-Längs- und Einstechschleifen
1956, 62 Seiten, 44 Abb., 2 Tabellen, DM 13,85

HEFT 325
Prof. Dr. E. Schratz, Münster
Pharmakognostische Untersuchungen am Medizinal-Rhabarber
in Vorbereitung

HEFT 326
Prof. Dr.-Ing. E. Essers und Mitarbeiter, Aachen
Deichselkräfte an Lastzügen
in Vorbereitung

HEFT 327
*Prof. Dr.-Ing. habil. K. Krekeler und
Dr.-Ing. H. Peukert, Aachen*
Beitrag zur thermoelastischen Formbarkeit von Polyäthylen
1956, 56 Seiten, 49 Abb., 9 Tabellen, DM 12,80

HEFT 328
Dr. H. Maeder, Belo Horizonte
Schweißen von Temperguß
in Vorbereitung

HEFT 329
Dipl.-Ing. A. Krüger, Karlsruhe, und Feuerwehr-Ing. R. Radusch, Dortmund
Wasserzerstäubung im Strahlrohr
1956, 86 Seiten, 21 Abb., 3 Tabellen, DM 18,65

HEFT 330
Dipl.-Physiker E. Pepping, Aachen
Die Durchflußzahl des Rechteckschlitzes in einer sehr großen Wand
in Vorbereitung

HEFT 331
Dipl.-Ing. G. Bretschneider, Ruit
Die Messung der wiederkehrenden Spannung mit Hilfe des Netzmodelles
in Vorbereitung

HEFT 332
Prof. Dr.-Ing. R. Jaeckel und Dr. G. Reich, Bonn
Messung von Dampfdrucken im Gebiet unter 10^{-2} Torr
1956, 42 Seiten, 16 Abb., 2 Tabellen, DM 10,40

HEFT 333
*Prof. Dipl.-Ing. W. Sturtzel und
Dr.-Ing. W. Graff, Duisburg*
I. Der Flachwassereinfluß auf den Form- und Reibungswiderstand von Binnenschiffen
II. Der Flachwassereinfluß auf die Nachstrom- und Sogverhältnisse bei Binnenschiffen
1956, 44 Seiten, 14 Abb., DM 9,80

HEFT 334
Prof. Dr. W. Weizel und Dr. G. Meister, Bonn
Spektralanalyse durch Messung des Interferenz-Kontrastes
1956, 42 Seiten, DM 9,80

HEFT 335
Prof. Dr. W. Weizel und H. Hornberg, Bonn
Untersuchungen der anodischen Teile einer Glimmentladung
in Vorbereitung

HEFT 336
Dr. Tung-ping Yao, Aachen
Die Viskosität metallischer Schmelzen
in Vorbereitung

HEFT 337
Dr. R. Hoeppener und Dr. W. Bierther, Bonn
Tektonik und Lagerstätten im Rheinischen Schiefergebirge
in Vorbereitung

HEFT 338
*Prof. Dr.-Ing. W. Wegener, Aachen, und
Dipl.-Ing. J. Schneider, M.-Gladbach*
Die Bedeutung der Knotenart für die Herabminderung der Fadenbrüche
1957, 40 Seiten, 6 Abb., DM 9,80

HEFT 339
*Prof. Dr.-Ing. W. Wegener und
Dipl.-Ing. W. Zahn, Aachen*
Vergleich des normalen mit verschiedenen abgekürzten Baumwollspinnverfahren in bezug auf Gleichmäßigkeit und Sortierungsstreuung der Garne
1956, 56 Seiten, 17 Abb., 17 Tabellen, DM 12,70

HEFT 340
Dipl.-Ing. W. Rohs und Dipl.-Ing. R. Otto, Bielefeld
Das Naßspinnen von Bastfasergarnen mit Spinnbadzusätzen unter Ausnutzung einer zentralen Spinnwasserversorgungsanlage
1956, 56 Seiten, 2 Abb., 6 Tabellen, DM 11,60

HEFT 341
Prof. Dr.-Ing. H. Winterhager und Dipl.-Ing. L. Werner, Aachen
Präzisions-Meßverfahren zur Bestimmung des elektrischen Leitvermögens geschmolzener Salze
1956, 44 Seiten, 19 Abb., 1 Tabelle, DM 10,60

HEFT 342
Prof. Dr.-Ing. H. Winterhager und Dipl.-Ing. W. Barthel, Aachen
Die Gewinnung von Titanschlackenkonzentraten aus eisenreichen Ilemniten
in Vorbereitung

HEFT 343
Prof. Dr.-Ing. W. Petersen, Aachen, und Dipl.-Ing. S. Wawroschek, Aachen
Die zweckmäßigsten Gütebestimmungsverfahren und Brikettierungsbedingungen bei der Erzeugung von Braunkohlen-Eisenerz-Briketts
1956, 64 Seiten, 28 Abb., DM 13,95

HEFT 344
Prof. Dr.-Ing. W. Fucks, Aachen
Zur Deutung einfachster mathematischer Sprachcharakteristiken
1956, 38 Seiten, 12 Abb., DM 7,80

HEFT 345
Dipl.-Ing. G. Cerbe und Dipl.-Ing. H. Monstadt, Essen
Konvektive Trocknung mit gasbeheizter Luft und Trocknung durch Gasstrahler
in Vorbereitung

HEFT 346
Dipl.-Ing. O. Arnold, Aachen
Erfahrungen mit Kernbohrungen zur Lagerstättenuntersuchung im Erzbergbau
in Vorbereitung

HEFT 347
S. Ruff, F. Kipp, H. Hansteen und G. Müller, Bonn
Untersuchungen zur Frage der Gehörschädigungen des fliegenden Personals der Propellerflugzeuge
in Vorbereitung

HEFT 348
*Prof. Dr.-Ing. E. Piwowarsky
und Dr.-Ing. E. G. Nickel, Aachen*
Metallurgie eines hochwertigen Gußeisens mit kompakter bis kugelförmiger Graphitausbildung
in Vorbereitung

HEFT 349
*Dr.-Ing. W. A. Fischer, Dr.-Ing. H. Treppschuh
und Dr.-Ing. K. H. Köthemann, Düsseldorf*
Tiegel aus Schmelzmagnesia für Vakuuminduktionsöfen
in Vorbereitung

HEFT 350
*Prof. Dr.-Ing. habil. K. Krekeler
und Dr.-Ing. H. Peukert, Aachen*
Das Spannungsverhalten der Kunststoffe bei der Verarbeitung
in Vorbereitung

HEFT 351
*Prof. Dr.-Ing. H. Opitz, Dipl.-Ing. H. Axer und
Dipl.-Ing. H. Rhode, Aachen*
Zerspanbarkeit hochwarmfester und nichtrostender Stähle. Teil I
in Vorbereitung

HEFT 352
Dipl.-Ing. H. Fauser, Aachen
Fahrdynamik und Batterie-Arbeitsverbrauch von Akkumulatorenlokomotiven im Untertagebetrieb
in Vorbereitung

HEFT 353
Forschungsinstitut für Rationalisierung, Aachen
Schlagwortregister zur Rationalisierung
in Vorbereitung

HEFT 354
Dipl.-Ing. D. Wagener, Aachen
Auswirkungen neuer Gaserzeugungs-Verfahren unter Berücksichtigung der Auswirkung auf den Kokereibetrieb
in Vorbereitung

HEFT 355
Prof. Dr.-Ing. habil. K. Krekeler, Dr.-Ing. H. Peukert und Dipl.-Ing. A. Kleine-Albers, Aachen
Heißgas-Schweißungen von Weich-Polyvinylchlorid mit Zusatzwerkstoff
in Vorbereitung

HEFT 356
Dipl.-Phys. G. Gurke, Aachen
Aufbau einer Meßanlage für Untersuchungen elektrischer Gasentladung im Bereiche großer p. d.-Werte
1956, 38 Seiten, 13 Abb., DM 8,65

HEFT 357
Prof. Dr.-Ing. W. Fucks, Aachen
Mathematische Analyse der Formalstruktur von Musik
in Vorbereitung

HEFT 358
Prof. Dr. rer. nat. W. Weltzien, Dipl.-Chem. P. Ringel und Text.-Ing. H. Kirchhoff, Krefeld
Die Waschechtheit von Färbungen. Vergleichende Untersuchungen auf dem Gebiete der Echtheitsprüfung
in Vorbereitung

HEFT 359
Dr.-Ing. F. J. Meister, Düsseldorf
Veränderung der Hörschärfe, Lautheitsempfindung und Sprachaufnahme während des Arbeitsprozesses bei Lärmarbeitern
in Vorbereitung

HEFT 360
Dr.-Ing. E. Barz, Remscheid
Fertigungsverfahren und Spannungsverlauf bei Kreissägeblättern für Holz
in Vorbereitung

HEFT 361
Dipl.-Ing. H. F. Klein, Aachen
Die nichtstationären Strömungsvorgänge und der Wärmeübergang in einem Schwingfeuergerät
in Vorbereitung

HEFT 362
*Prof. Dr. med. G. Lehmann und Dipl.-Phys.
D. Dieckmann, Dortmund*
Die Wirkung mechanischer Schwingungen (0,5 bis 100 Hertz) auf den Menschen
in Vorbereitung

WESTDEUTSCHER VERLAG · KÖLN UND OPLADEN

HEFT 363
Dr.-Ing. U. Domm, Frankenthal (Pfalz)
Über eine Hypothese, die den Mechanismus der Turbulenz-Entstehung betrifft
28 Seiten, 4 Abb., DM 6,45

HEFT 364
Prof. Dr. Th. Beste, Köln
Die Mehrkosten bei der Herstellung ungängiger Erzeugnisse im Vergleich zur Herstellung vereinheitlichter Erzeugnisse
in Vorbereitung

HEFT 365
Sozialforschungsstelle an der Universität Münster, Dortmund
Standort und Wohnort
in Vorbereitung

HEFT 366
Versuchsanstalt für Binnenschiffbau e. V., Duisburg
Bei Flachwasserfahrten durch die Strömungsverteilung am Boden und an den Seiten stattfindende Beeinflussung des Reibungswiderstandes von Schiffen
in Vorbereitung

HEFT 367
Dr. rer. nat. D. Horstmann, Düsseldorf
Der Angriff eisengesättigter Zinkschmelzen auf kohlenstoff-, schwefel- und phosphorhaltiges Eisen
in Vorbereitung

HEFT 368
Prof. Dr. phil. H. Kaiser, Dortmund
Entwicklung betriebsmäßiger spektrochemischer Analysenverfahren für technische Gläser
in Vorbereitung

HEFT 369
Prof. Dr.-Ing. R. Jaeckel und Dipl.-Phys. F. J. Schittko, Bonn
Gasabgabe von Werkstoffen ins Vakuum
in Vorbereitung

HEFT 370
Dr. phil. habil. F. Schwarz, Köln
Physikochemische Grundlagen der Bildsamkeit von Kalken unter Einbeziehung des Begriffes der aktiven Oberfläche
in Vorbereitung

HEFT 371
Dr. phil. W. Lejeune, Köln
Beitrag zur statistischen Verifikation der Minderheiten-Theorie
in Vorbereitung

HEFT 372
Prof. Dr. phil. M. von Stackelberg, Bonn
Untersuchungen zur Ausarbeitung und Verbesserung von polarographischen Analysenmethoden. 2. Bericht
in Vorbereitung

HEFT 373
Dipl.-Ing. H. J. Koch, Essen
Druckgasfeuerung — ein Verfahren zum Betrieb von Gasfeuerstätten

HEFT 374
Dr. E. Paproth, Krefeld
Paläontologische Bearbeitung der in den devonischen Schichten des Siegerlandes enthaltenen Faunen
in Vorbereitung

HEFT 375
Technischer Überwachungsverein e. V., Essen
Wanddickenmessungen mittels radioaktiver Strahlen und Zählrohrgerät
in Vorbereitung

HEFT 376
Technischer Überwachungsverein e. V., Essen
Wasserumlaufprobleme an Hochdruckkesseln
in Vorbereitung

HEFT 377
Technischer Überwachungsverein e. V., Essen
Versuche an Wanderrostkesseln mit befeuchteter Verbrennungsluft
in Vorbereitung

HEFT 378
Oberingenieur H. Stein, M.-Gladbach
Beobachtung und maßtechnische Erfassung der Vorgänge im Spinn- und Aufwindefeld von Ringspinn- und Ringzwirnmaschinen
in Vorbereitung

HEFT 379
Laboratorium für textile Meßtechnik, M.-Gladbach
Schußfadenspannung beim Weben
in Vorbereitung

HEFT 380
Dipl.-Phys. R. Trappenberg, Karlsruhe
Theoretische und experimentelle Untersuchungen zur Staubverteilung einer Rauchfahne
in Vorbereitung

HEFT 381
Dr. J. Juils, Krefeld
Zur Dichtebestimmung von Fasern. Methoden und Beispiele der praktischen Anwendung
in Vorbereitung

HEFT 382
Dr. phil. habil. P. Hölemann, Ing. R. Hasselmann und Ing. G. Dix, Dortmund
Die Messung von Flammen und Detonationsgeschwindigkeiten bei der explosiven Zersetzung von Acetylen in Rohren
in Vorbereitung

HEFT 383
Dr. phil. habil. P. Hölemann und Ing. R. Hasselmann, Dortmund
Verlauf von Azetylenexplosionen in Rohren bei Gegenwart von porösen Massen
in Vorbereitung

HEFT 384
Prof. Dr.-Ing. H. Opitz, Aachen
Schwingungsuntersuchungen an Werkzeugmaschinen
in Vorbereitung

HEFT 385
Prof. Dr.-Ing. H. Opitz, Aachen
Zerspanbarkeit hochwarmfester und nichtrostender Stähle. Teil II
in Vorbereitung

HEFT 386
Prof. Dr.-Ing. H. Opitz, Aachen
Standzeituntersuchungen und Verschleißmessungen mit radioaktiven Isotopen
in Vorbereitung

HEFT 387
Prof. Dr. med. W. Kikuth und Dozent Dr. med. L. Grün, Düsseldorf
Die Verhütung von Infektion durch Desinfektion des Raumes und der Raumluft
in Vorbereitung

HEFT 388
Prof. Dr. rer. nat. habil. W. Baumeister und Dr. rer. nat. H. Burghardt, Münster
Die Bedeutung der Elemente Zink und Fluor für das Pflanzenwachstum
in Vorbereitung

HEFT 389
Prof. Dr.-Ing. habil. H. Fink und K. W. Hoppenhaus, Köln
Die biologische Eiweiß-Synthese von höheren und niederen Pilzen und die alimentäre Lebernekrose der Ratte
in Vorbereitung

HEFT 390
Dr.-Ing. J. Endres und Dr.-Ing. G. Hiebel, München
Berechnung der optimalen Leistungen, Kraftstoffverbräuche und Wirkungsgrade von Luftfahrt-Gasturbinen-Triebwerken am Boden und in der Höhe bei Fluggeschwindigkeiten von 0—2000 km/h und bei vorgegebenen Düsenausströmgeschwindigkeiten

HEFT 391
Prof. Dr. phil. F. Wever, Dr. phil. W. Koch und Dipl.-Chem. F. Stricker, Düsseldorf
Die quantitative spektrographische Analyse von Gasgemischen aus Kohlenmonoxyd, Wasserstoff und Stickstoff
in Vorbereitung

HEFT 392
Prof. Dr. phil. F. Wever u. a., Düsseldorf
Untersuchungen über den Konverterrauch im Hinblick auf die spektrale Überwachung des Thomasprozesses
in Vorbereitung

HEFT 393
Dr.-Ing. O. Viertel und S. Brückner-Lucas, Krefeld
Arbeitszeitstudien an Haushaltwaschmaschinen
in Vorbereitung

HEFT 394
Privatdozent Dr. med. W. Koch, Münster
Die Ablagerung radioaktiver Substanzen im Knochen
in Vorbereitung

HEFT 395
Dipl.-Ing. L. Hahn, Clausthal-Zellerfeld
Untersuchungen zur Frage des optimalen Bohrloch- und Patronendurchmessers
in Vorbereitung

HEFT 396
Prof. Dr.-Ing. F. Schultz-Grunow, Dr.-Ing. A. Jogerich, Essen, Dipl.-Ing. H. Meyer, cand. ing. P. Sand, Aachen
Untersuchungen des Luftwiderstandes von Güterwagen
in Vorbereitung

HEFT 397
Techn.-Wissenschaftliches Büro für die Bastfaserindustrie, Bielefeld
Ungleichmäßigkeiten in Bändern von Bastfaserkarden, ihre Ursachen und Auswirkungen
in Vorbereitung

HEFT 398
Prof. Dr. habil. H. E. Schwiete, Aachen, u. a.
Einlagerungsversuche an synthetischem Mullit I. — Die Zusammensetzung der Schmelzphase in Schamottesteinen I
in Vorbereitung

HEFT 399
Prof. Dr. habil. H. E. Schwiete und Dr.-Ing. R. Vinkeloe, Aachen
Möglichkeiten der quantitativen Mineralanalyse mit dem Zählrohrgerät unter besonderer Berücksichtigung der Mineralgehaltsbestimmung von Tonen
in Vorbereitung

HEFT 400
Prof. Dr. phil. W. Fuchs und Dipl.-Chem. H. Weyerstrass, Aachen
Entwicklung eines Heißfilters zur Reinigung von Gichtgas eines mit Kohle betriebenen Niederschachtofens
in Vorbereitung

HEFT 401
Prof. Dr.-Ing. M. Lipp und Dipl.-Chem. G. Frielingsdorf, Aachen
Darstellung reaktionsfähiger Verbindungen des Camphansystems und Versuche zu deren Fluorierung
in Vorbereitung

HEFT 402
Prof. Dr. W. Linke, Aachen
Die Wärmeübertragung durch Thermopane-Fenster
in Vorbereitung

HEFT 403
Prof. Dr.-Ing. P. Denzel und Dipl.-Ing. W. Cremer Aachen
Verbesserung der Benutzungsdauer der Höchstlast in ländlichen Netzen durch Anwendung elektrischer Geräte in der Landwirtschaft
in Vorbereitung

HEFT 404
Prof. Dr. R. Jaeckel und Dipl.-Phys. F. Gross, Bonn
Die Löslichkeit von Gasen in schwerflüchtigen organischen Flüssigkeiten
in Vorbereitung

HEFT 405
Prof. Dr.-Ing. H. Opitz und Dipl.-Ing. H. Schuler, Aachen
Untersuchungen für einen Wirtschaftlichkeitsvergleich der Feinbearbeitungsverfahren
in Vorbereitung

HEFT 406
W. Kirsch, Remscheid
Entwicklungsarbeiten auf dem Gebiete des Korrosionsschutzes
in Vorbereitung

HEFT 407
Prof. Dr.-Ing. H. Schenk, Aachen und Dr.-Ing. W. Wenzel, Bad Godesberg
Entwicklungsarbeiten auf dem Gebiete der Verhüttung von Erzstaub in Schmelzkammern
in Vorbereitung

HEFT 408
Prof. Dr. phil. F. Wever, Dr.-Ing. W. Lueg und Dr.-Ing. H. G. Müller, Düsseldorf
Kraft- und Arbeitsbedarf beim Warmscheren von Stahl in Abhängigkeit von Temperatur und Schnittgeschwindigkeit
in Vorbereitung

WESTDEUTSCHER VERLAG · KÖLN UND OPLADEN

HEFT 409
Prof. Dr. phil. F. Wever, Dr. phil. W. Koch, Dr. rer. nat. Ch. Ilschner-Gensch und Dipl.-Phys. H. Rohde, Düsseldorf
Das Auftreten eines kubischen Nitrids in aluminiumlegierten Stählen
in Vorbereitung

HEFT 410
Prof. Dr. phil. F. Wever, Prof. Dr. rer. techn. A. Kochendörfer, Dr. phil. nat. M. Hempel, Düsseldorf und Dipl.-Phys. E. Hillenhagen, Köln
Biegewechselversuche mit Flachproben aus Alpha-Eisen-Einkristallen zur Bestimmung der Wechselfestigkeit und der Gleitspuren
in Vorbereitung

HEFT 411
Prof. Dr. W. Halbsguth und Dr. L. Sommer, Franfurt/M.
Grundlegende Versuche zur Keimungsphysiologie von Pilzsporen
in Vorbereitung

HEFT 412
Prof. Dr.-Ing. H. Opitz, Aachen
Kennwerte und Leistungsbedarf für Werkzeugmaschinengetriebe
in Vorbereitung

HEFT 413
Prof. Dr.-Ing. H. Opitz, Aachen
Richtwerte für das Fräsen von unlegierten und legierten Baustählen mit Hartmetall, Teil II
in Vorbereitung

HEFT 414
Dr. med. H. K. Parchwitz und Dr. med. C. Winkler, Bonn
Speicherung organischer Farbstoffe und künstlich radioaktiver Substanzen in Geschwülsten
in Vorbereitung

HEFT 415
Prof. Dr.-Ing. W. Paul, Dr. rer. nat. O. Osberghaus und Dipl.-Phys. E. Fischer, Bonn
Ein Ionenkäfig
in Vorbereitung

HEFT 416
Oberreg.-Gewerberat Dipl.-Ing. G. Steinicke, Hamburg
Die Wirkung von Lärm auf den Schlaf des Menschen
in Vorbereitung

HEFT 417
Prof. Dr.-Ing. habil. E. Rößger, Berlin
I. Teil: Die Entwicklung des Weltluftverkehrs, Ergänzungsbericht 1954
II. Teil: Die zivile Luftfahrtpolitik der USA
in Vorbereitung

HEFT 418
O. Gdaniec, Mülheim/Ruhr
Über die Randlochkarte als Hilfsmittel in der Dokumentation
in Vorbereitung

HEFT 419
K. Brooks
Die Messungen der Reflexionseigenschaften künstlicher und natürlicher Materialien mit quasi-optischen Methoden bei Mikrowellen
in Vorbereitung

HEFT 420
M. Vogel
Das Spektralgebiet zwischen dem langwelligen Ultrarot und Mikrowellen
in Vorbereitung

HEFT 421
ORR Dipl.-Volkswirt Dr. H. Rogmann, Düsseldorf
Die Erforschung der Verkehrskonjunktur und der langzeitigen Dynamik in der Verkehrswirtschaft (Zusammenfassung der eingegangenen Stellungnahmen und Vorschläge)
in Vorbereitung

WESTDEUTSCHER VERLAG · KÖLN UND OPLADEN

MIX
Papier aus verantwortungsvollen Quellen
Paper from responsible sources
FSC® C105338

If you have any concerns about our products,
you can contact us on
ProductSafety@springernature.com

In case Publisher is established outside the EU,
the EU authorized representative is:
**Springer Nature Customer Service Center GmbH
Europaplatz 3, 69115 Heidelberg, Germany**

Printed by Libri Plureos GmbH
in Hamburg, Germany